Heft 3

Rechentricks, Einmaleins mit 4 und 8, Daten erfassen, Muster, Teilen **4–21**
Rechentricks in der Einmaleinstabelle finden 4
Einmaleins mit 4 5
Einmaleins mit 8 6
Einmaleins mit 2, 4 und 8 7
Kernaufgaben üben 8
Rechendreiecke 9
Daten sammeln und darstellen 10, 11
Muster mit Formen 12
In Mustern Rechenaufgaben entdecken 13
Geteiltaufgaben finden 14
Aufteilen 15
Umkehraufgaben 16
Verteilen 17
Geteiltaufgaben an Stationen üben 18
Zahlenrätsel – Mal und geteilt 19
Das kann ich schon 5 20
Forschen und Entdecken 5 21

Wahrscheinlichkeit, Einmaleins mit 3, 6 und 9, Kombinatorik, Plusrechnen mit zweistelligen Zahlen, Längen, Sachrechnen **22–40**
Wahrscheinlichkeit – Kugeln ziehen 22
Wahrscheinlichkeit – Glücksräder 23
Einmaleins mit 3 24
Einmaleins mit 6 25
Einmaleins mit 9 26
Einmaleins mit 3, 6 und 9 27
Das Einmaleins üben 28
Kombinatorik – Beim Fußball 29
Rechnen mit zweistelligen Zahlen – Plus 30, 31
Rechnen mit zweistelligen Zahlen üben – Plus 32
Messen mit Messgeräten 33
Merkmaße in der Umwelt 34
Messen und zeichnen 35
Skizze als Lösungshilfe – Sachrechnen 36
Wale – Sachrechnen 37
Das kann ich schon 6 38
Forschen und Entdecken 6 39
Rechenbingo 40

Heft 4

Einmaleins mit 7, Flächen, Minusrechnen mit zweistelligen Zahlen, Rechentricks, Sachrechnen, Würfelgebäude, Teilen mit Rest **4–21**
Einmaleins mit 7 4
Das ganze Einmaleins 5
Flächen vergleichen 6
Flächen zeichnen – Malaufgaben finden 7
Rechnen mit zweistelligen Zahlen – Minus 8, 9
Rechnen mit zweistelligen Zahlen üben – Minus 10
Rechentricks 11, 12
Im Schultheater – Sachrechnen 13
Würfelgebäude und Baupläne 14
Würfelgebäude – Ansichten 15
Körper und Ansichten 16
Geteiltaufgaben mit Rest 17
Geteiltaufgaben mit Rest an Stationen üben 18
Am See – Sachrechnen 19
Das kann ich schon 7 20
Forschen und Entdecken 7 21

Zeit, Kombinatorik, Sachrechnen, Senkrecht und parallel, Kreis, Ungleichungen **22–40**
Zeitpunkte – Stunden und Minuten 22
Zeitspannen 23, 24
Kombinatorik – Steckwürfeltürme 25
Im Vergnügungspark – Sachrechnen 26, 27
Senkrecht und parallel am Geobrett 28
Kreis und Kreismuster 29
3 Zahlen – 4 Aufgaben 30
Ungleichungen 31
Das kann ich schon 8 32, 33
Forschen und Entdecken 8 34
Berühmte Mathematiker – Adam Ries 35
Die Hunderterzahlen bis 1 000 36
Zahlen bis 1 000 darstellen 37
Mein Mathelexikon 38, 39
Wer kommt zuerst zur 100? – Würfelspiel 40

Gehe zum Doppelten der Zahl.
Gehe zur Hälfte der Zahl.
Würfle nochmals.
Setze einmal aus.

Spiel für 2 bis 4 Kinder: Abwechselnd würfeln und mit dem Spielstein entlang der Zahlenreihe fahren, dabei die Anweisungen der farbigen Felder befolgen. Sieger ist, wer zuerst im Ziel ankommt.

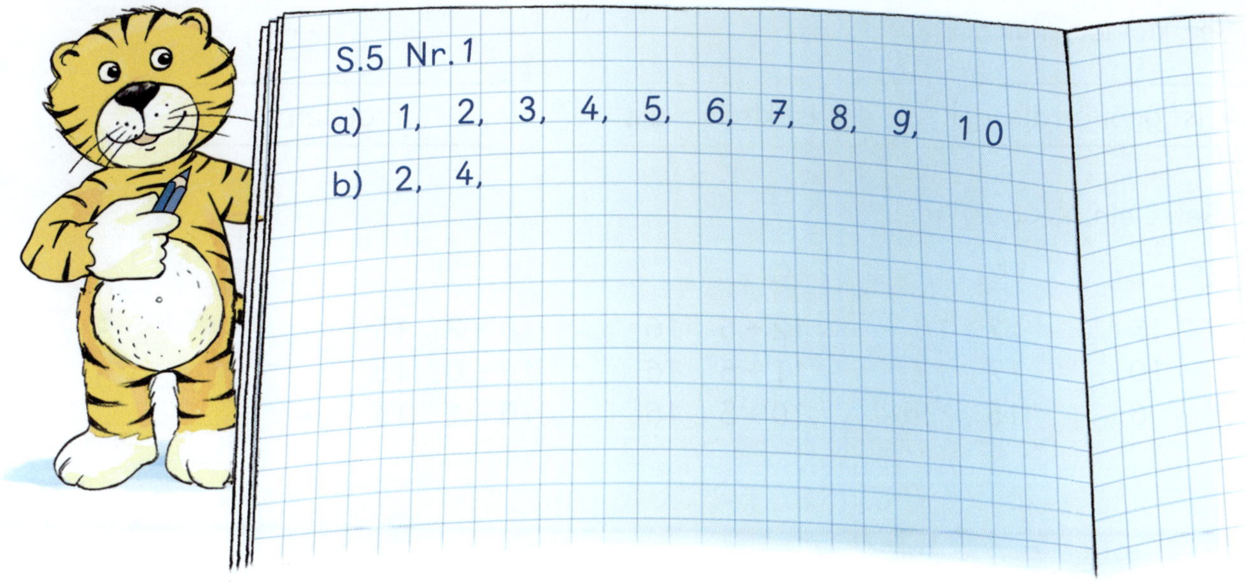

1 Schreibe die Zahlenfolgen ins Heft und setze sie fort.

a) 1, 2, 3, 4, ... 10

b) 2, 4, 6, 8, ... 20

c) 1, 3, 5, 7, ... 19

d) 0, 3, 6, 9, ... 21

e) 10, 9, 8, 7, ... 0

f) 20, 18, 16, ... 2

g) 19, 17, 15, ... 1

h) 21, 18, 15, ... 0

2 Zeichne die Muster ins Heft und setze sie fort.

a)

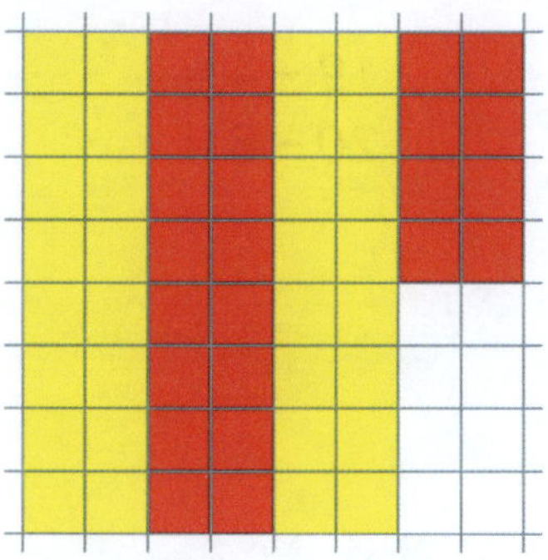

b)

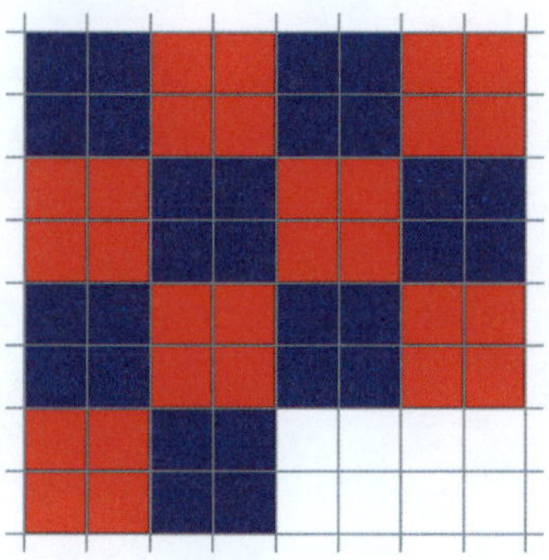

c)

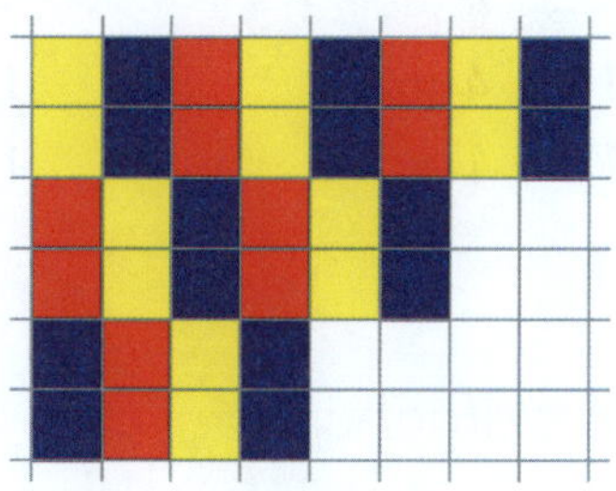

d)

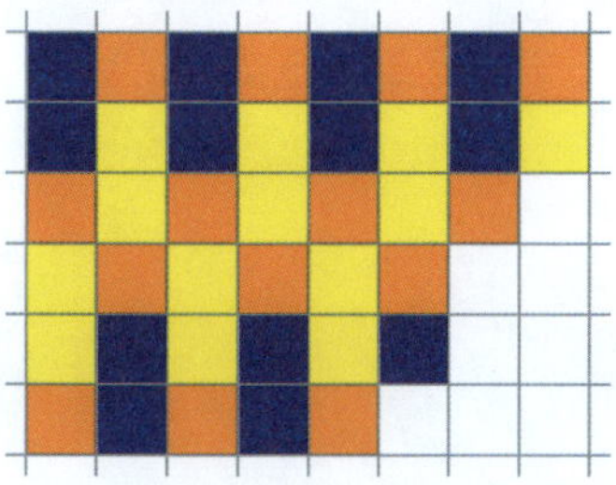

e)

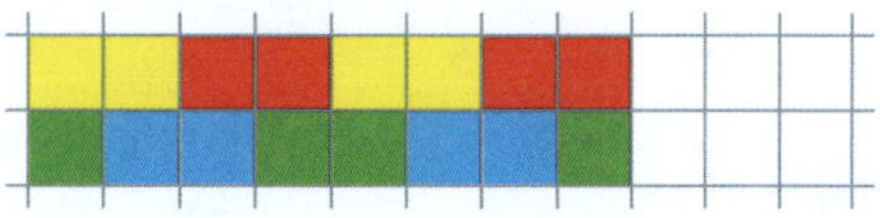

3 Erfinde ein eigenes Muster und zeichne es ins Heft.

?

Größer, kleiner, gleich

> ist größer als | **<** ist kleiner als | **=** gleich

1 Setze ein: >, < oder =

a)
7 ○ 5
2 ○ 10
6 ○ 6

b)
2 ○ 16
17 ○ 17
15 ○ 5

c)
12 + 5 ○ 16
11 + 5 ○ 16
10 + 5 ○ 16

d)
18 − 2 ○ 15
19 − 6 ○ 15
16 − 1 ○ 15

S. 6 Nr. 1
a) 7 > 5
2 < 10

Kleine Aufgaben, große Aufgaben

2 Rechne die kleine Aufgabe zuerst.

a)
16 + 3 = ▢
6 + 3 = ▢

b)
14 + 4 = ▢
4 + 4 = ▢

c)
11 + 5 = ▢
1 + 5 = ▢

d)
20 − 5 = ▢
10 − 5 = ▢

e)
17 − 4 = ▢
7 − 4 = ▢

f)
18 − 7 = ▢
8 − 7 = ▢

S. 6 Nr. 2
a) 16 + 3 =
6 + 3 = 9

3 Rechne. Die kleine Aufgabe hilft dir.

a)
15 + 4 = ▢
17 + 1 = ▢

b)
18 + 2 = ▢
11 + 3 = ▢

c)
16 − 5 = ▢
18 − 2 = ▢

d)
19 − 4 = ▢
20 − 6 = ▢

Umkehraufgaben

4

a)
4 + 5 = ▢
▢ − 5 = ▢

b)
7 + 3 = ▢
▢ − 3 = ▢

c)
16 + 2 = ▢
▢ − ▢ = ▢

d)
8 − 4 = ▢
▢ + 4 = ▢

e)
19 − 6 = ▢
▢ + ▢ = ▢

f)
20 − 8 = ▢
▢ + ▢ = ▢

S. 6 Nr. 4
a) 4 + 5 = 9
9 − 5 =

5 Rechne. Denke an die Umkehraufgabe.

a)
▢ + 4 = 9

b)
▢ + 6 = 12

c)
▢ − 8 = 1

d)
▢ − 3 = 17

Über den Zehner – Plus

7 + 8 =

1 Rechne mit deinem Weg.

a	b	c	d	e
7 + 6 =	6 + 9 =	7 + 4 =	6 + 8 =	5 + 7 =
5 + 9 =	3 + 8 =	4 + 8 =	9 + 7 =	8 + 3 =
4 + 7 =	9 + 6 =	8 + 6 =	7 + 5 =	9 + 5 =

Über den Zehner – Minus

12 – 7 =

2 Rechne mit deinem Weg.

a	b	c	d	e
11 – 6 =	12 – 5 =	13 – 8 =	13 – 5 =	17 – 9 =
15 – 7 =	14 – 5 =	15 – 9 =	11 – 8 =	14 – 8 =
12 – 9 =	16 – 9 =	11 – 4 =	16 – 7 =	15 – 6 =

3 Zahlen, 4 Aufgaben

1

a) 9 15 6

b) 7 17 10

c) 4 12 8

d) 13 20 ▢

e) 12 ▢ 5

f) ▢ 15 4

S. 8 Nr. 1

a) 9 + 6 = 15

6 + 9 = 15

15 − 6 =

15 − 9 =

Rechenmauern

2

a)

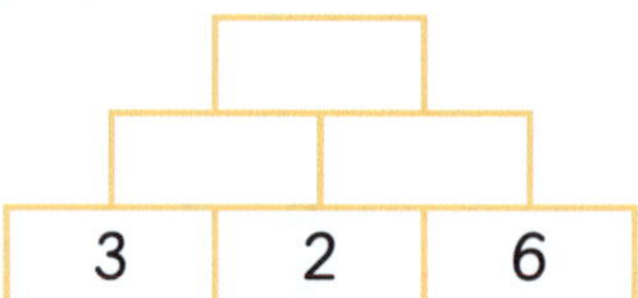

b)

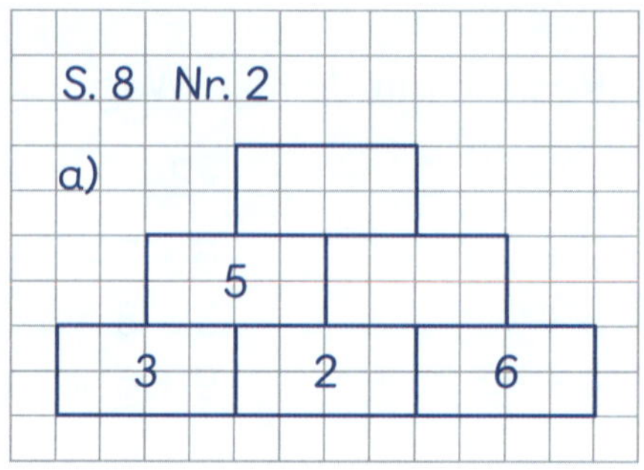

c)

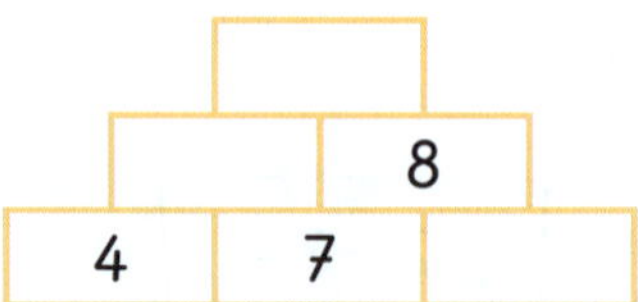

d)

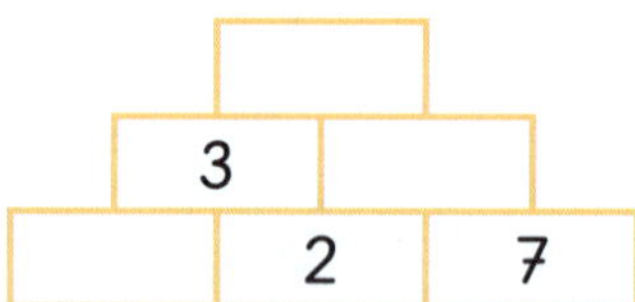

Rechendreiecke

3

a)

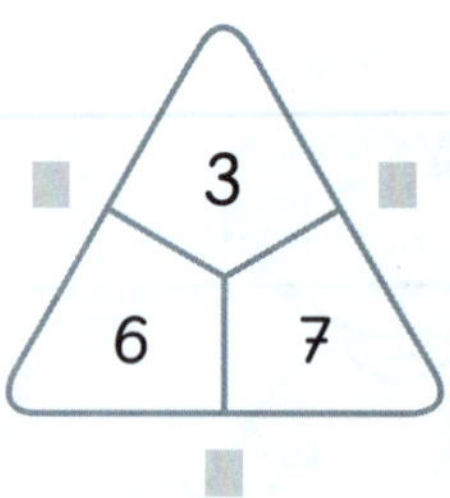

b)

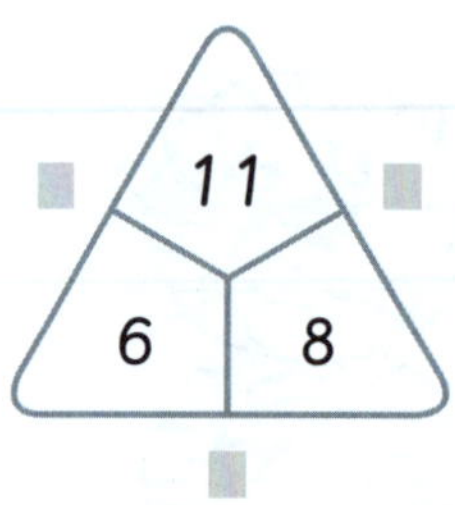

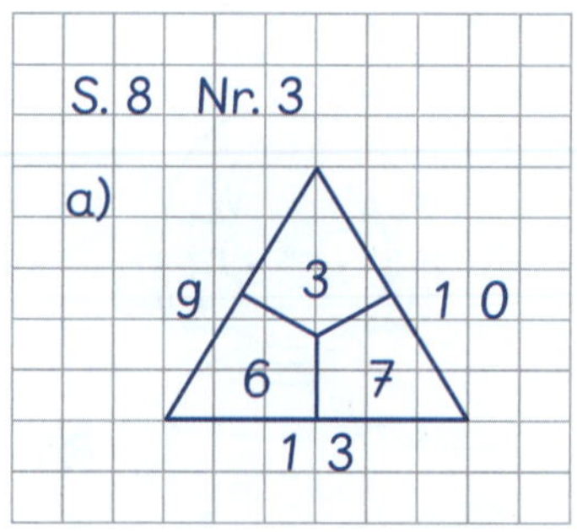

c)

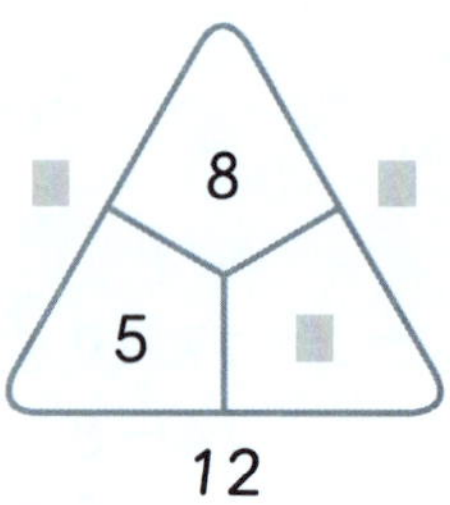

d)

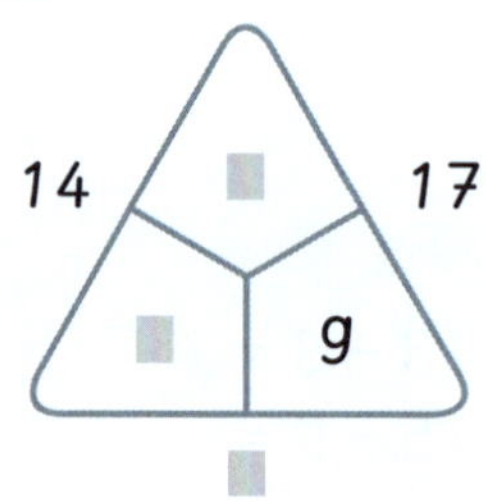

Unser Geld

1 Wie viel Euro sind es? Fasse geschickt zusammen.

a

S. 9 Nr. 1
a) 10 € + 2 € + 6 € =

b

c

2 Lege und zeichne.

a	b	c	d
14 €	8 ct	22 €	21 ct
17 €	16 ct	25 €	24 ct
19 €	18 ct	28 €	27 ct

S. 9 Nr. 2
a) 14 €
10 2 2

3 Lege und zeichne.

a 6 € mit 3 Münzen

b 3 € mit 4 Münzen

c 13 ct mit 3 Münzen

d 10 ct mit 5 Münzen

e 27 € mit so wenig Scheinen und Münzen wie möglich

Rechengeschichten

4 Schreibe Lösungsweg (L) und Antwort (A) ins Heft.

a
Max kauft Stifte für 8 € und einen Ordner für 3 €.
Wie viel Euro muss Max bezahlen?

S. 9 Nr. 4
a) L: 8 € + 3 € =
A: Max muss ___ € bezahlen.

b
Tina kauft einen Füller für 12 € und ein Lineal für 2 €.
Wie viel Euro muss Tina bezahlen?

c
Furkan kauft Stifte für 7 €, einen Locher für 9 € und ein Heft für 1 €.
Wie viel Euro kostet es zusammen?

1–4 Ggf. mit Spielgeld (Beilagen 2 und 3) nachlegen

Uhrzeiten

1 Schreibe beide Uhrzeiten auf.

a

b

c

S. 10 Nr. 1
a) 5 Uhr
17 Uhr

d

e

f

g

h

Rechnen in Tabellen

2 a

+	5	7	8
3			
5			
6			

b

−	4	6	7
8			
10			
13			

S. 10 Nr. 2
a)

+	5	7	8
3	8		
5			
6			

Tiger-Päckchen

3 Setze fort, soweit du kannst.

a
3 + 6 =
3 + 5 =
3 + 4 =

b
0 + 4 =
2 + 4 =
4 + 4 =

c
15 − 3 =
15 − 5 =
15 − 7 =

d
18 − 3 =
15 − 3 =
12 − 3 =

S. 10 Nr. 3
a) 3 + 6 = 9
3 + 5 = 8
3 + 4 = 7
3 + 3 =
3 + 2 =
3 + 1 =

1 Ggf. Lernuhr (Beilage 5) verwenden
3 Gesetzmäßigkeiten der „Tiger-Päckchen" erkennen; Aufgabenfolgen im Heft um mindestens drei Aufgaben fortsetzen

1 Zähle geschickt.

2 Welche Zahlen sind dargestellt?

S. 11 Nr. 2
a) 4 Z 3 E = 43
b) 5 Z

a
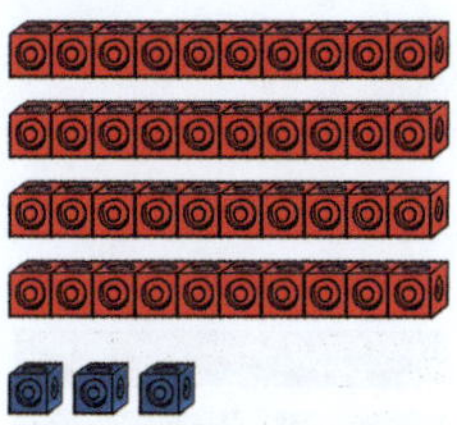

b

c
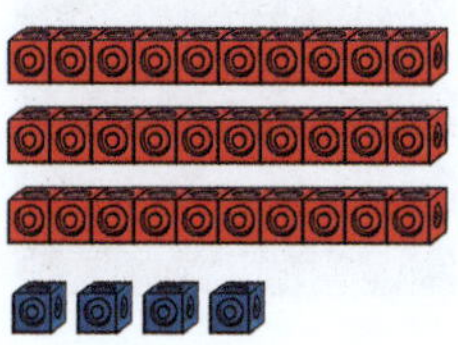

d
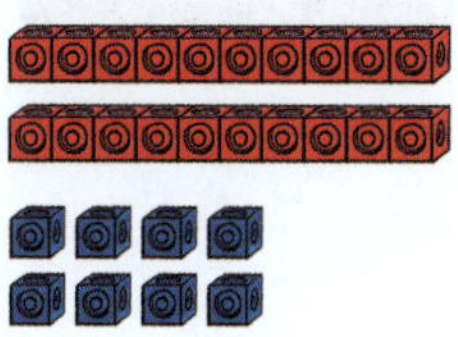

e
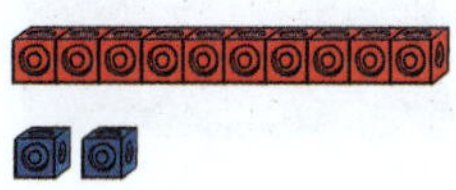

f

3 Legt die Zahlen mit Steckwürfeln. Schreibt wie bei Aufgabe 2 ins Heft.

a 6 Z 7 E

b 8 Z 0 E

c 4 Z 9 E

d 75

e 91

f 3

4 Welche Zahlen sind dargestellt?

a

b

1 Max. 100 Dinge (Steckwürfel, Kastanien, Perlen ...) geschickt zählen; über Vorteil der 10er-Bündelung sprechen
4 10 Einer in 1 Zehner umwandeln

1 Was gehört zusammen?

S. 12 Nr. 1
= 10 = zehn
= 20 = zwanzig

2 Schreibe die Zehnerzahlen auf drei Arten.

a

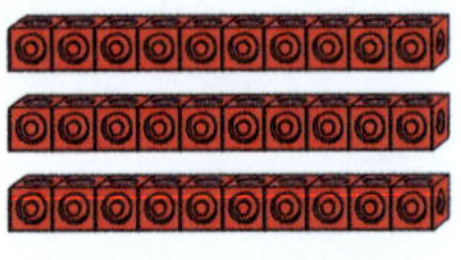

b

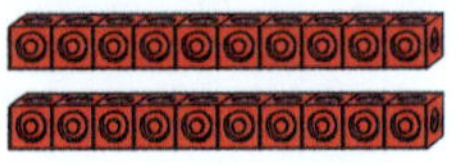

S. 12 Nr. 2
a) = 3 Z 0 E = 30

c

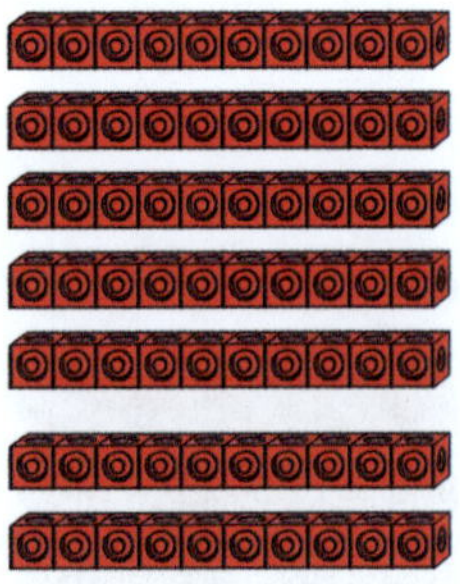

d

e

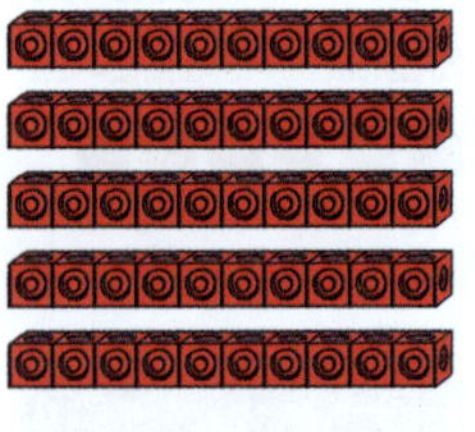

f

3 Setze ein: >, < oder =

a	b	c	d
30 ○ 20	10 ○ 100	70 ○ 70	80 ○ 30
70 ○ 90	40 ○ 20	100 ○ 90	50 ○ 50
50 ○ 80	60 ○ 80	40 ○ 50	0 ○ 10

4 Setze passende Zehnerzahlen ein.

a	b	c	d
20 < □	50 = □	□ = 90	□ < 30
90 > □	20 > □	□ > 70	□ > 40
30 = □	100 > □	□ < 60	□ = 10

1 Schreibe die Plusaufgaben ins Heft.

S. 13 Nr. 1
a) 4 Z + 3 Z = 7 Z
40 + 30 = 70

a

b

c

2

a	b	c	d
40 + 20 = ▢	20 + 50 = ▢	20 + 30 = ▢	70 + ▢ = 80
10 + 70 = ▢	80 + 10 = ▢	60 + 20 = ▢	60 + ▢ = 100
30 + 60 = ▢	50 + 40 = ▢	30 + 30 = ▢	50 + ▢ = 70

3 Schreibe die Minusaufgaben ins Heft.

S. 13 Nr. 3
a) 3 Z – 2 Z = 1 Z
30 – 20 = 10

a

b
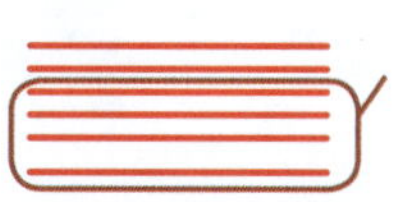

c
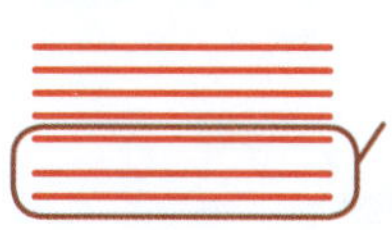

4

a	b	c	d
60 – 20 = ▢	80 – 60 = ▢	90 – 30 = ▢	80 – ▢ = 50
90 – 10 = ▢	30 – 20 = ▢	60 – 40 = ▢	40 – ▢ = 20
50 – 30 = ▢	70 – 40 = ▢	50 – 50 = ▢	70 – ▢ = 60

1–4 Ggf. Steckwürfel oder Zehner (Beilage 1) verwenden

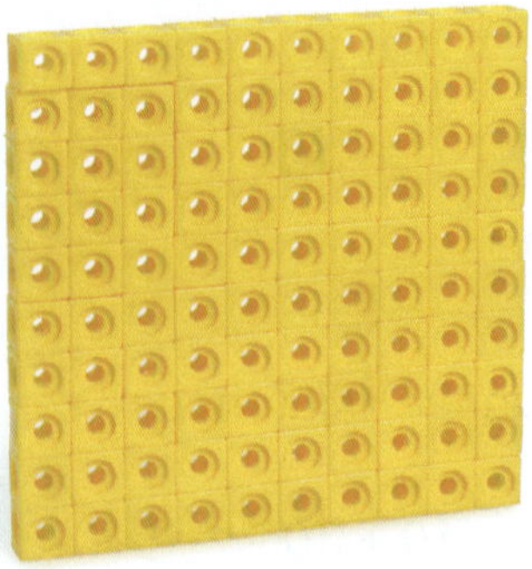

1 H = 10 Z
1 Z = 10 E

1 Hunderter   1 Zehner   1 Einer •

1 Schreibe die Zahlen auf drei Arten.

a)

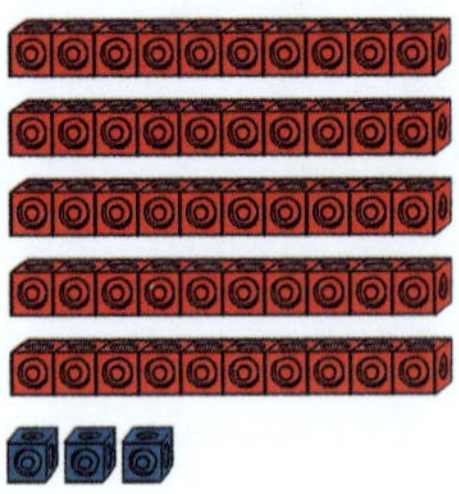

b)

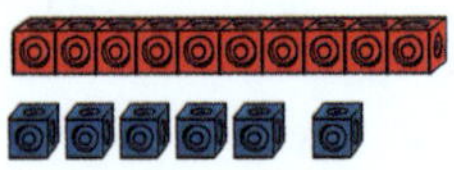

S. 1 4 Nr. 1

a)  = 5 Z 3 E = 5 3

c)

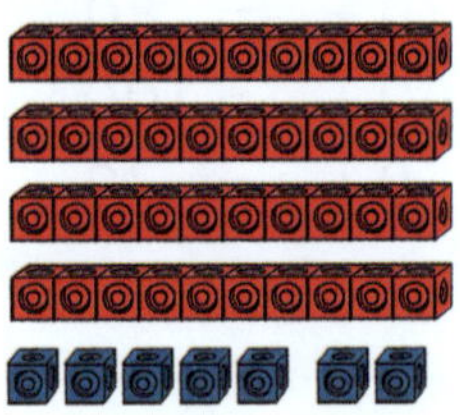

d)

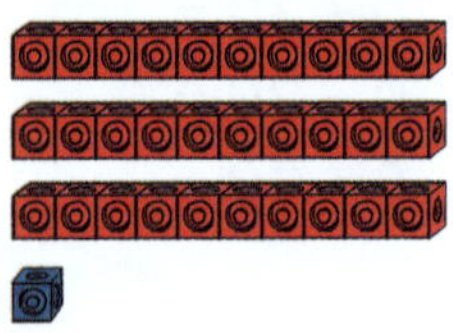

e)

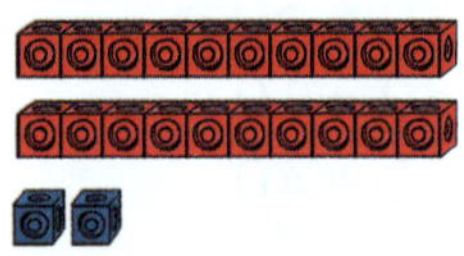

f)

2 Schreibe die Zahlen auf zwei andere Arten.

a)

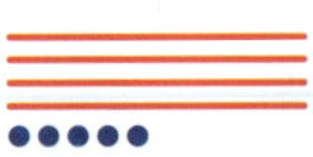

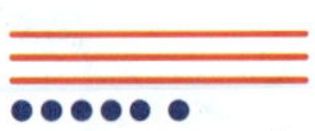

S. 1 4 Nr. 2

a) 4 Z 5 E = 4 5

b)

5 Z 6 E   7 Z 7 E   2 Z 0 E

c)

48   29   32

3

a)	b)	c)	d)
8 + 4 =	3 + 8 =	16 − 6 =	15 − 9 =
5 + 7 =	9 + 4 =	11 − 5 =	12 − 3 =
6 + 9 =	7 + 6 =	14 − 7 =	17 − 8 =

1 Ggf. Steckwürfel oder Hunderter, Zehner und Einer (Beilagen 1 und 2) verwenden

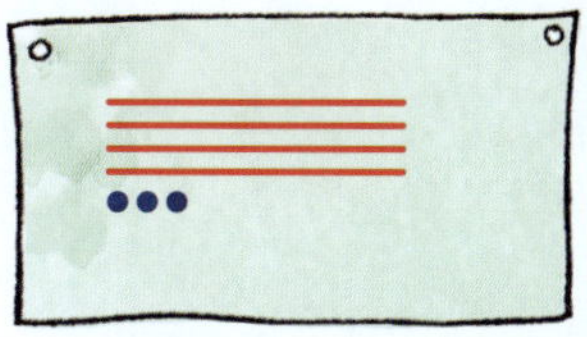

H	Z	E
	4	3

43

40 + 3

1 Schreibe die Zahlen auf drei Arten.

S. 15 Nr. 1

a) H Z E
75 = 70 + 5 = 75

a
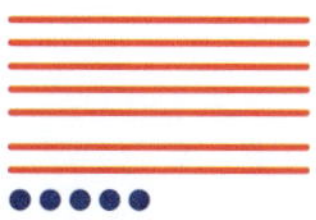

b
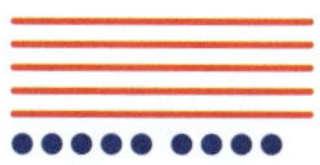

c
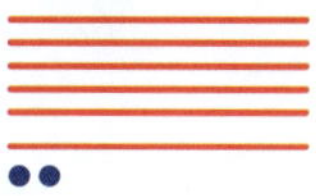

d
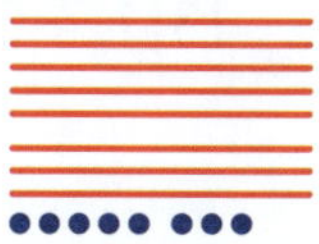

e
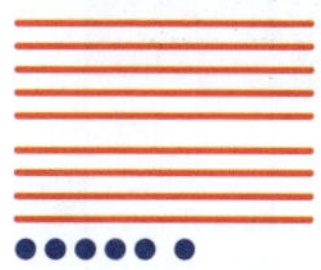

f

2 Schreibe die Plusaufgabe und die Zahl.

S. 15 Nr. 2

a) 90 + 1 = 91

a

H	Z	E
	9	1

b

H	Z	E
	1	9

c

H	Z	E
	5	8

d

H	Z	E
	3	3

e

H	Z	E
1	0	0

f

H	Z	E
1	0	1

g

H	Z	E
1	1	0

3

a
40 + 20 = □
60 + 30 = □
10 + 90 = □

b
80 − 60 = □
40 − 40 = □
100 − 30 = □

c
30 + □ = 80
20 + □ = 50
0 + □ = 40

d
90 − □ = 10
50 − □ = 30
100 − □ = 60

Ggf. Sprechweise thematisieren
2 Ggf. Hunderter, Zehner und Einer (Beilagen 1 und 2) verwenden

1 Erkläre, wie die Zahl 53 dargestellt ist.

2 Legt auf das Hunderterfeld.

a 28 b 47 c 50 d 61 e 16 f 99

3 Schreibe die Zahlen auf drei Arten.

a
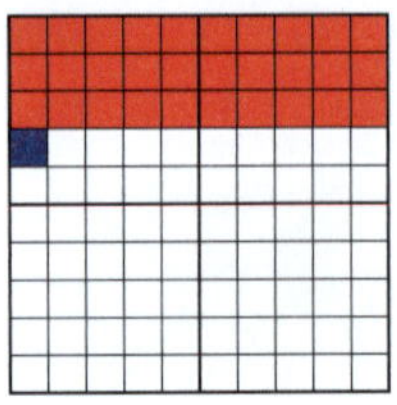

b

S. 16 Nr. 3

a) H | Z | E
| 3 | 1 = 30 + 1 = 31

c

d
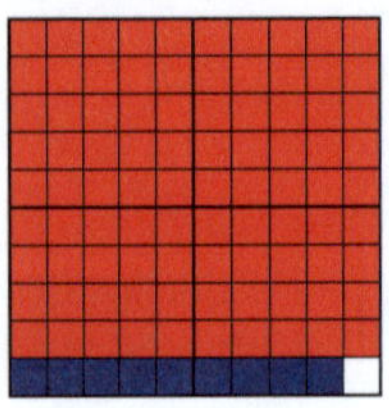

e

f
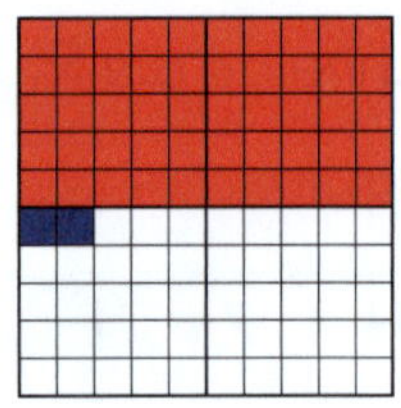

4 Schau dir die Hunderterfelder in Aufgabe 3 an.
Wie viele Kästchen fehlen bis 100?

S. 16 Nr. 4

a) 31 + 69 = 100

5 Wie viele Kästchen fehlen bis 100? Schreibe wie bei Aufgabe 4.

a

b

c

d

1 Hunderterfeld (Beilage 2) kennenlernen und Struktur erkennen
2a Hunderterfeld, Zehner und Einer (Beilagen 1 und 2) verwenden

1 Hier wird die Zahl 56 auf verschiedene Arten dargestellt. Erkläre.

a

V	Zahl	N
55	56	57

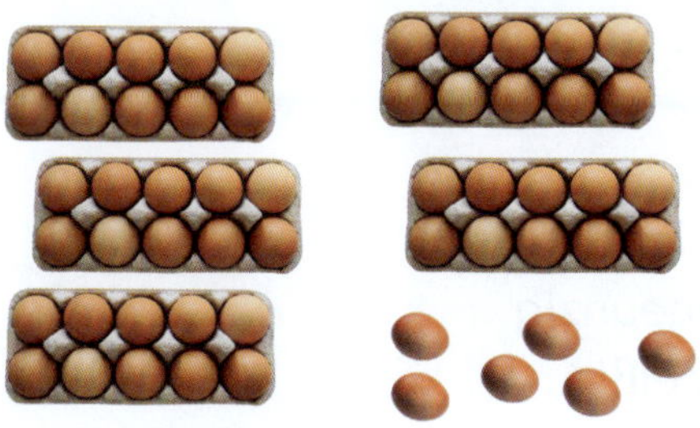

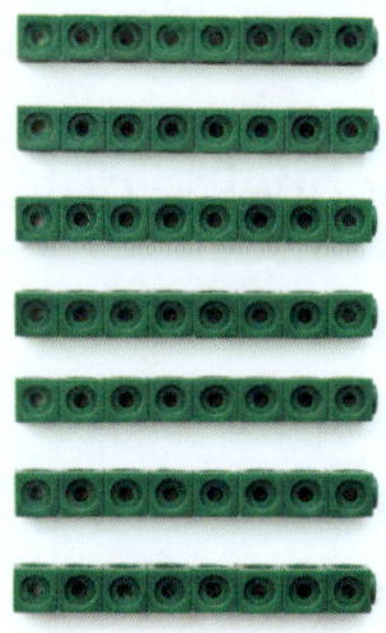

b

Findet noch weitere Arten, die Zahl 56 darzustellen.

2 Ben hat Zahlen mit Musiknoten dargestellt. Ordne die Zahlen 24, 60 und 52 den Notenbildern zu. Erkläre.

a
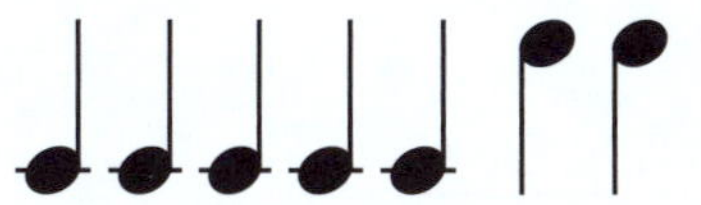

b

c
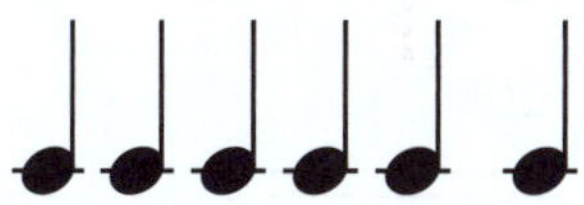

3 Welche Zahlen könnten hier dargestellt sein? Denke an Zehner und Einer.

a

b

c
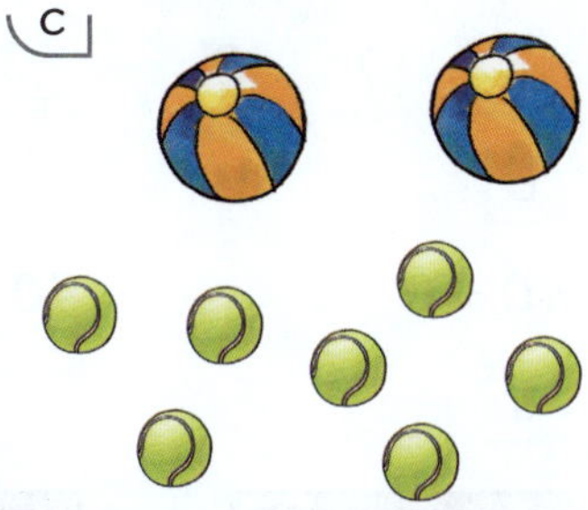

4 Erfinde eigene Zeichen für Zehner und Einer. Zeichne ein Zahlenbild. Dein Partner findet die Zahl.

?

Zahlwörter

1 Lies die Zahlwörter. Lege und schreibe auf zwei Arten.

a
achtundfünfzig
siebenunddreißig
sechsundvierzig

b
siebenundzwanzig
zweiundsiebzig
neunundachtzig

c
fünfundsiebzig
achtundneunzig
einunddreißig

S. 18 Nr. 1
a) 50 + 8 = 58

2 Legt die Zahlen mit Zahlwörtern.

a	b	c	d
54	25	33	101
45	78	66	110
63	87	88	153

vier | und | fünfzig

fünf | und | vierzig

3 Lege mit Zahlwörtern und schreibe als Zahl.

a

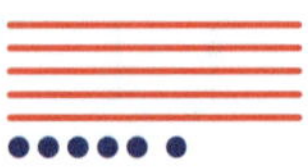

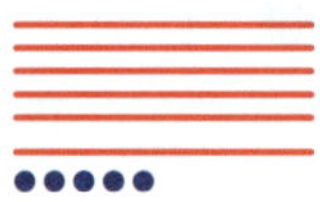

b

H	Z	E
	7	6

H	Z	E
	8	0

H	Z	E
	4	1

H	Z	E
	9	9

c

40 + 8   90 + 1   60 + 7   20 + 9

d

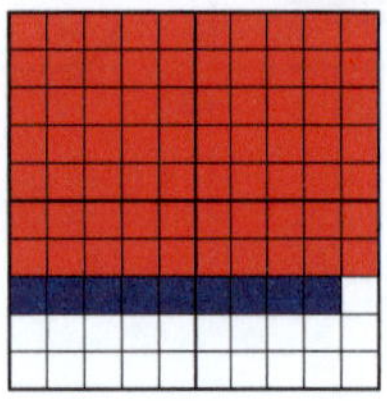
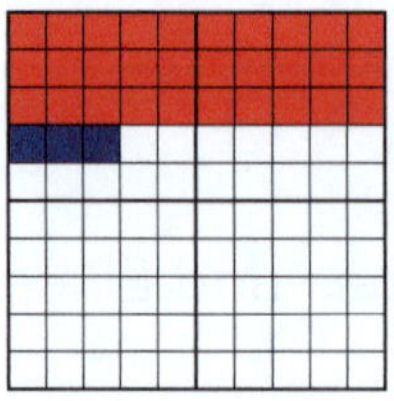
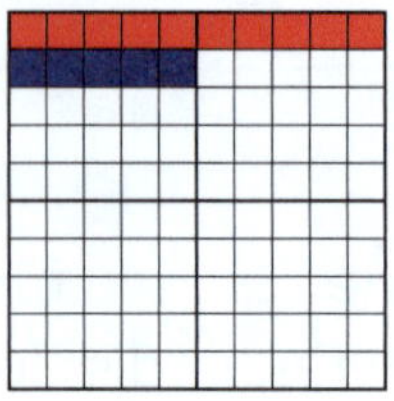

1–3 Zahlwortkarten (Beilage 4) verwenden

1

Die größte Zahl gewinnt

Spiel für 2 Kinder

- Die Zahlwortkarten liegen verdeckt auf dem Tisch.
- Der erste Spieler deckt eine blaue, eine rote und eine weiße Karte auf und bildet daraus ein Zahlwort.
- Er liest seine Zahl und schreibt sie mit Ziffern in eine Tabelle.
- Nun ist sein Partner an der Reihe.
- Sieger ist, wer nach 5 Runden die größte Zahl hat.

2 Wie viele Zahlen kannst du bilden? Schreibe sie mit Ziffern ins Heft.

a) vier, zwanzig, acht, und, sechs, fünfzig

b) ein, neunzig, neun, und, vierzig, sieben, sechzig

3 Hier stimmt etwas nicht. Wie heißen die richtigen Zahlen?

a) zwei | und | zehn

b) null | und | dreißig

c) sechs | und | zehn

4 Welches Zahlwort passt? Ordne zu. Ein Zahlwort bleibt übrig.

a) Ich denke mir eine zweistellige Zahl. Es ist die größte.

b) Ich denke mir eine Zahl. Sie ist größer als 40 und kleiner als 50. Beide Ziffern sind gleich.

c) Ich denke mir eine Zahl. Sie ist größer als 50 und kleiner als 80. Der Zehner ist doppelt so groß wie der Einer.

fünf und fünfzig | vier und vierzig | drei und sechzig | neun und neunzig

Das kann ich schon 1

1 Rechne mit deinem Weg.

a
8 + 5 = ▢
6 + 9 = ▢
4 + 8 = ▢

b
9 + 3 = ▢
4 + 7 = ▢
7 + 6 = ▢

c
11 − 6 = ▢
17 − 8 = ▢
14 − 9 = ▢

d
13 − 5 = ▢
15 − 7 = ▢
12 − 6 = ▢

2

a
30 + 20 = ▢
40 + 50 = ▢
10 + 80 = ▢

b
80 − 30 = ▢
50 − 10 = ▢
100 − 70 = ▢

c
60 + ▢ = 100
50 + ▢ = 70
80 + ▢ = 90

d
20 − ▢ = 0
60 − ▢ = 20
90 − ▢ = 10

3 Schreibe die Zahlen auf zwei andere Arten.

a

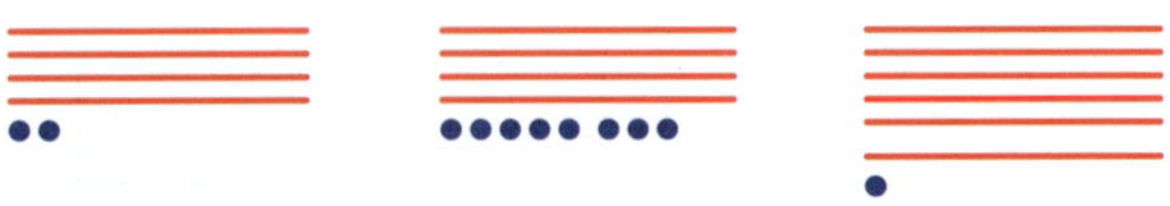

b
5 Z 3 E   1 Z 5 E   6 Z 0 E

c
45   84   37

4 Schreibe mit Ziffern.

a
dreiundvierzig
fünfundachtzig

b
einundfünfzig
vierundsiebzig

5 3 Zahlen – 4 Aufgaben

a 4 13 9

b 8 15 7

c 8 ▢ 5

6 Schreibe Lösungsweg (L) und Antwort (A) ins Heft.

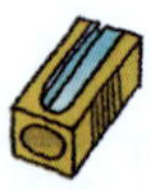
2 €

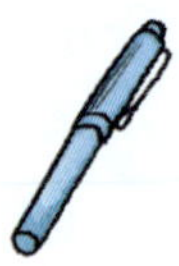
11 €

3 €

5 €

a
Samia kauft den Füller und die Buntstifte.
Wie viel Euro kostet es?

b
Ben kauft das Lineal, den Spitzer und die Buntstifte.
Wie viel Euro muss Ben bezahlen?

Wichtige Aufgaben aus der ersten Lerneinheit (Heft 1, S. 4–19) wiederholen;
Selbsteinschätzung: entsprechend dem Können der Aufgabe passenden Smiley ins Heft malen

1

a

In der Tabelle ist eine Zahl mit Plättchen dargestellt.
Wie heißt die Zahl?

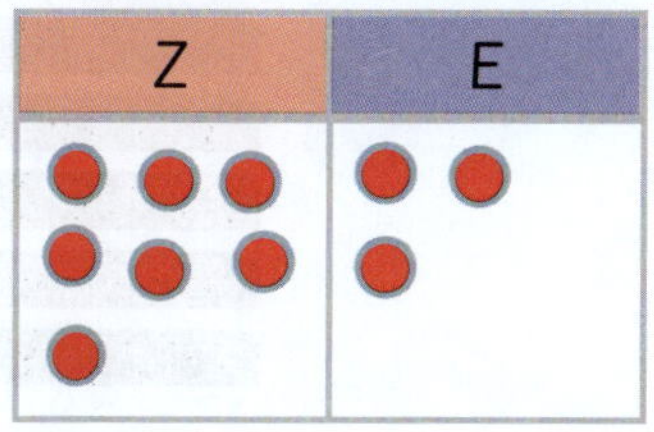

b

Nehmt ein Plättchen weg. Welche Zahlen könnt ihr erhalten?

c

Verschiebt ein Plättchen von der Einerspalte in die Zehnerspalte.
Um wie viel ist die neue Zahl größer?

2 Welche Zahlen könnt ihr legen?

a

mit 2 Plättchen

b

mit 3 Plättchen

c

mit 5 Plättchen

Z	E

3 Finde die Fehler in den Tabellen und schreibe richtig ins Heft.

a

H	Z	E
	4	14

b

H	Z	E
0	6	11

c

H	Z	E
0	10	1

d

H	Z	E
0	10	10

4 Lege nach und bündle richtig. Schreibe die passenden Zahlen ins Heft.

a

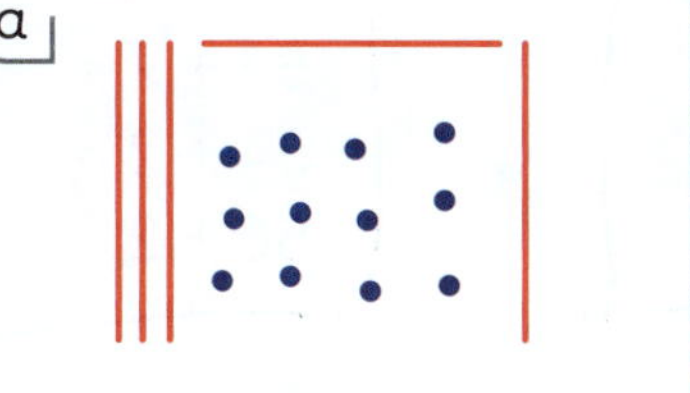

b

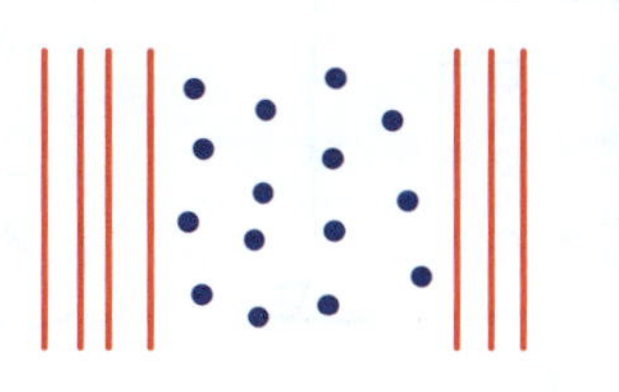

c

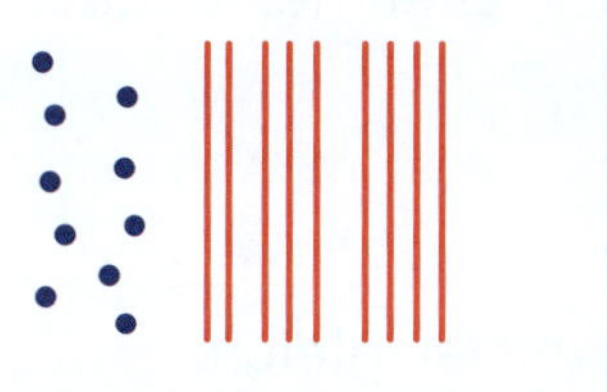

d

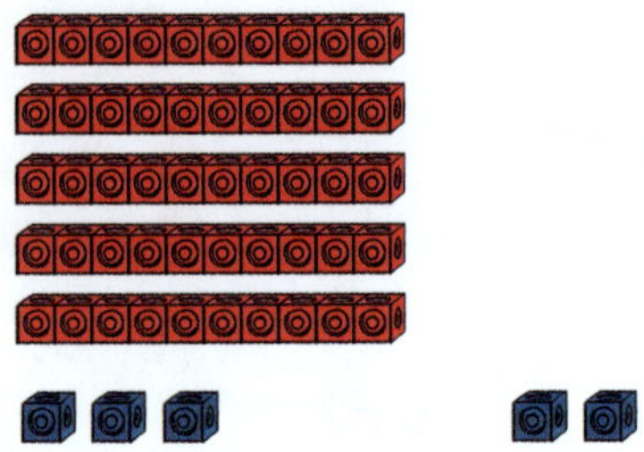

1 Schreibe die Plusaufgaben ins Heft.

a
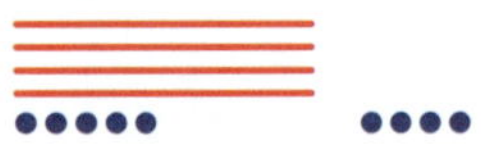

b

c

2 Lege und rechne.

a	b	c	d
52 + 2 =	21 + 7 =	44 + 1 =	34 + 5 =
52 + 4 =	21 + 5 =	44 + 3 =	34 + 3 =
52 + 5 =	21 + 3 =	44 + 4 =	34 + 4 =
52 + 6 =	21 + 2 =	44 + 5 =	34 + 2 =

3 Lege. Was fällt dir auf?

a	b	c
13 + 7 =	85 + 5 =	38 + 2 =
23 + 7 =	65 + 5 =	48 + 2 =
53 + 7 =	35 + 5 =	78 + 2 =
83 + 7 =	25 + 5 =	98 + 2 =

4 Setze fort, soweit du kannst.

a	b	c	d
41 + 2 =	73 + 6 =	22 + 1 =	52 + 2 =
41 + 3 =	73 + 5 =	22 + 3 =	54 + 2 =
41 + 4 =	73 + 4 =	22 + 5 =	56 + 2 =

5 Beschreibe die Tiger-Päckchen von Aufgabe 4. Die Wortstreifen helfen dir.

Erste Zahl … | Zweite Zahl … | Ergebnis …

… immer … mehr. | … immer … weniger. | … immer gleich.

1–3 Zehner und Einer (Beilage 1) verwenden
3 Entdecken, dass man 10 Einer in 1 Zehner wechseln kann
4 Gesetzmäßigkeiten der „Tiger-Päckchen" erkennen; Aufgabenfolgen im Heft um mindestens drei Aufgaben fortsetzen

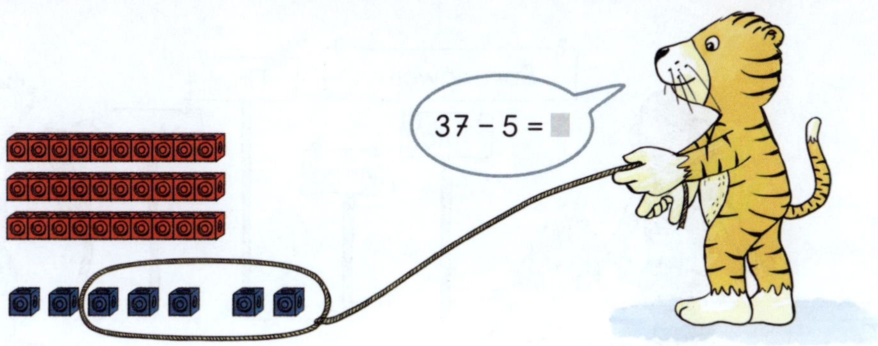

1 Schreibe die Minusaufgaben ins Heft.

a)

b)
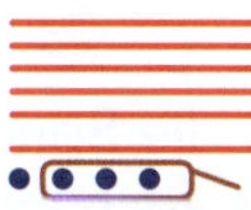

c)

2 Lege, nimm weg und rechne.

a	b	c	d
57 – 5 = □	39 – 2 = □	68 – 8 = □	26 – 1 = □
57 – 3 = □	39 – 4 = □	68 – 6 = □	26 – 3 = □
57 – 2 = □	39 – 5 = □	68 – 5 = □	26 – 4 = □
57 – 0 = □	39 – 7 = □	68 – 1 = □	26 – 6 = □

3 Lege. Wie gehst du vor?

a	b	c
50 – 2 = □	70 – 1 = □	40 – 6 = □
50 – 5 = □	70 – 3 = □	40 – 5 = □
50 – 6 = □	70 – 7 = □	40 – 4 = □
50 – 8 = □	70 – 9 = □	40 – 1 = □

4 Setze fort, soweit du kannst.

a	b	c	d
69 – 2 = □	37 – 7 = □	98 – 2 = □	83 – 3 = □
69 – 3 = □	37 – 6 = □	98 – 4 = □	85 – 3 = □
69 – 4 = □	37 – 5 = □	98 – 6 = □	87 – 3 = □

5 Beschreibe die Tiger-Päckchen von Aufgabe 4. Die Wortstreifen helfen dir.

Erste Zahl … | Zweite Zahl … | Ergebnis …

… immer … mehr. | … immer … weniger. | … immer gleich.

1–3 Zehner und Einer (Beilage 1) und eine Schnur als Lasso verwenden
3 Jeweils 1 Zehner in 10 Einer entbündeln
4 Gesetzmäßigkeiten der „Tiger-Päckchen" erkennen; Aufgabenfolgen im Heft um mindestens drei Aufgaben fortsetzen

Längen vergleichen

1 Führt einen Sprungwettbewerb durch. Messt die Sprungweiten mit Schnüren. Vergleicht die Länge der Schnüre. Verwendet die Begriffe.

... ist länger als ... | ... ist kürzer als ... | ... ist genauso lang wie ...

2 Schätzt, was am längsten, am zweitlängsten, am drittlängsten ... ist. Schreibt die Dinge nach ihrer Länge geordnet auf. Überprüft eure Ergebnisse mit einer Schnur.

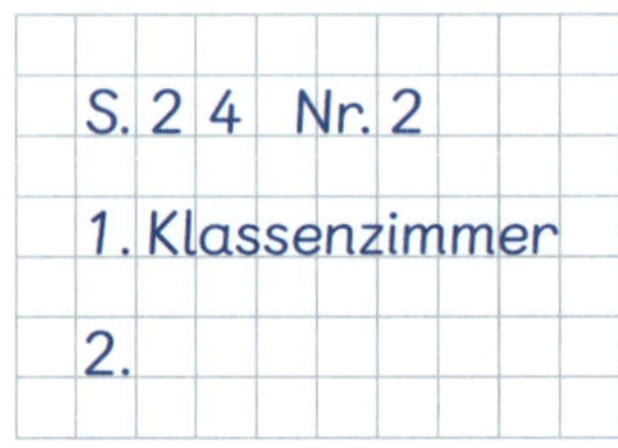

Länge des Tisches | Breite des Klassenzimmers | Länge eines Fahrrades | Breite der Tür | Länge eines Autos | Höhe des Stuhls | Höhe der größten Pflanze in der Schule

3 Immer zwei Schnüre sind gleich lang. Schätze und überprüfe.

4
a
$35 + 3 =$ ☐
$55 + 3 =$ ☐
$85 + 3 =$ ☐

b
$63 + 6 =$ ☐
$33 + 6 =$ ☐
$13 + 6 =$ ☐

c
$37 - 4 =$ ☐
$47 - 4 =$ ☐
$87 - 4 =$ ☐

d
$80 - 8 =$ ☐
$40 - 3 =$ ☐
$30 - 9 =$ ☐

1 Erkläre, wie die Kinder messen.

2 a

Miss verschiedene Dinge im Klassenzimmer.
Wähle ein geeignetes Körpermaß.

Tisch | Fenster | Zeichenblock | Bleistift | Schrank | Tafel

S. 25 Nr. 2
a) Tisch: ____ Ellen
Fenster:

b

Welches Körpermaß hast du verwendet? Begründe.

3 a

Miss die Länge des Klassenzimmers mit Armspannen, Schritten und Fußlängen.
Schreibe deine Ergebnisse ins Heft.

b

Vergleicht eure Ergebnisse. Was stellt ihr fest?

4 a

Vergleicht die Körpermaße miteinander. Wer hat den größten Fuß, die kleinste Armspanne und die längste Fingerspanne?

b

Maja behauptet: „Bei jedem Menschen ist die Armspanne genauso groß wie seine Körpergröße." Stimmt das? Überprüfe.

1 Verschiedene Körpermaße als Maßeinheit kennenlernen
3b Feststellen, dass die Messergebnisse bei gleichem Körpermaß unterschiedlich sein können; über Notwendigkeit eines Einheitsmaßes sprechen

Messen mit Meter

1

a) Schneidet eine Schnur von genau einem Meter (1 m) Länge ab. Das ist ein Schnurmaß.

b) Messt mit dem Schnurmaß folgende Dinge.

- A Höhe der Tür
- B Breite des Schulhofs
- C Höhe der Tafel
- D Länge des Klassenzimmers
- E Länge des Schulhauses
- F Länge des Flurs

S. 26 Nr. 1
b) A: 2 m

2 Bis wohin reicht bei dir ein Meter? Schätze und bringe dort eine Klammer an. Überprüfe mit dem Schnurmaß.

3 Suche Dinge, die 1 m lang, breit oder hoch sind. Notiere im Heft.

4 Markiert auf dem Schulhof mit dem Schnurmaß folgende Längen: 1 m, 5 m, 10 m und 20 m. Wie viele Schritte braucht ihr für diese Längen? Notiert in einer Tabelle.

S. 26 Nr. 4

Meter	Schritte
1	
5	

5 Setze fort, soweit du kannst.

a)
24 + 0 = ☐
24 + 1 = ☐
24 + 2 = ☐

b)
33 + 3 = ☐
43 + 3 = ☐
53 + 3 = ☐

c)
37 − 2 = ☐
37 − 3 = ☐
37 − 4 = ☐

d)
10 − 1 = ☐
20 − 2 = ☐
30 − 3 = ☐

5 Gesetzmäßigkeiten der „Tiger-Päckchen“ erkennen; Aufgabenfolgen im Heft um mindestens drei Aufgaben fortsetzen

1 Zentimeter = 10 Millimeter
1 cm = 10 mm

1 Untersuche ein Lineal. Was kannst du alles ablesen?

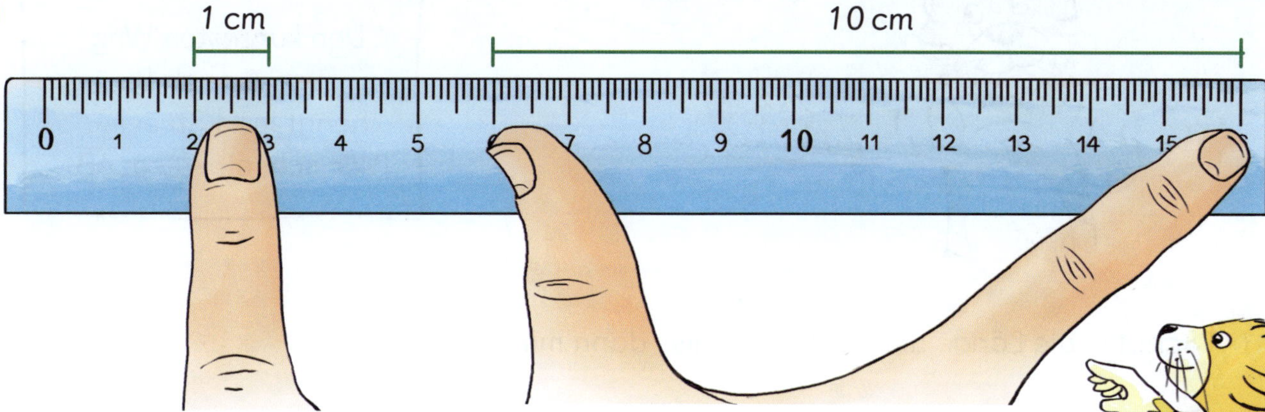

2 Zeige an verschiedenen Stellen deines Lineals folgende Längen:
1 mm, 5 mm, 1 cm, 5 cm, 10 cm.

3 Schätze die Länge der Dinge.
Miss dann mit dem Lineal.

S. 27 Nr. 3

	geschätzt	gemessen
Büroklammer	3 cm	

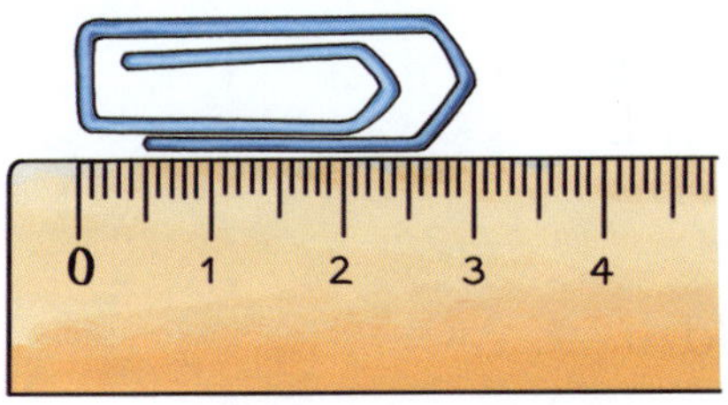

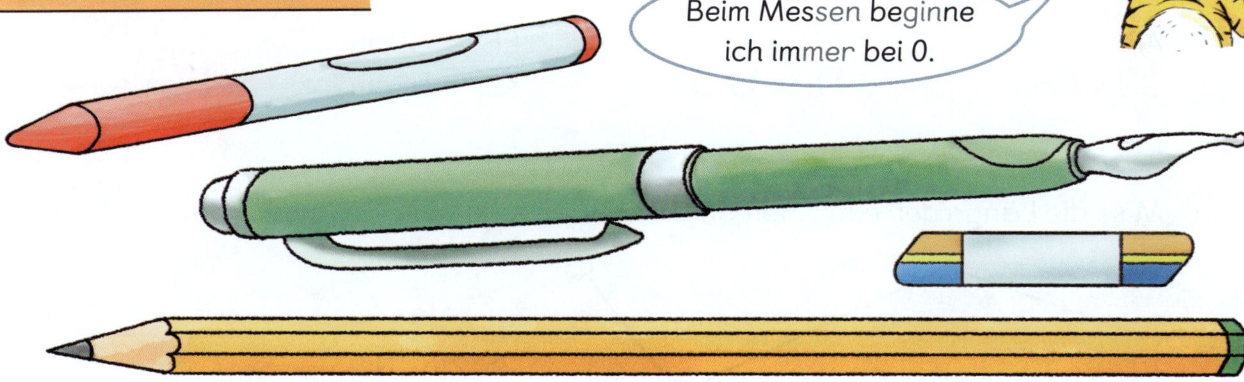

4 Miss Dinge aus deiner Schultasche und notiere ihre Länge.

5 Kann das stimmen? Schreibe nur die richtigen Aussagen ins Heft.

- Ein Heft ist 40 cm breit.
- Eine Flasche ist 18 cm hoch.
- Ein Bleistift ist 9 cm lang.
- Eine Münze ist 1 cm dick.
- Ein Kind ist 100 cm groß.
- Ein Tisch ist 20 cm hoch.

6 Sucht Dinge, die etwa 5 mm, 1 cm, 5 cm, 10 cm und 20 cm lang (breit, hoch) sind.
Gestaltet damit eine Längen-Ausstellung.

1 Besprechen, dass Körpermaße als Repräsentanten für das Schätzen von Längen genutzt werden können

Den kürzesten Weg von A nach B nennt man Strecke.
Wir schreiben so: $\overline{AB}$

1 Schätze die Länge der Strecken. Miss dann mit dem Lineal.

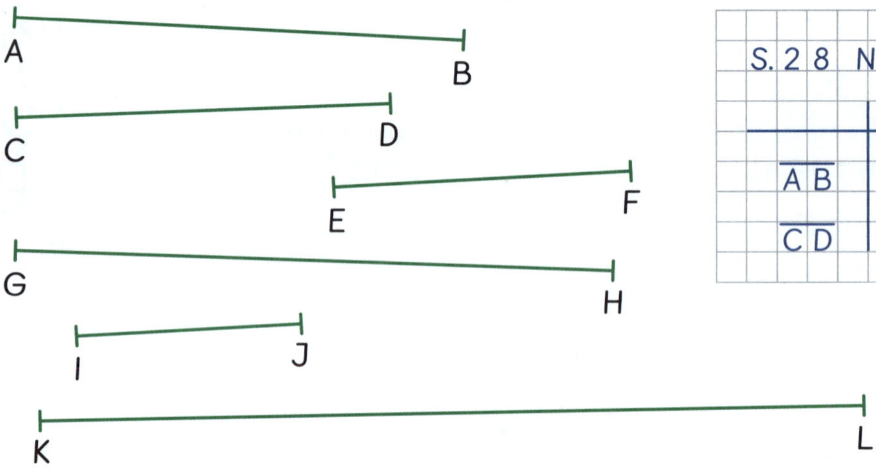

S. 28 Nr. 1

	geschätzt	gemessen
$\overline{AB}$	___ cm	___ cm
$\overline{CD}$	___ cm	___ cm

2 Zeichne die Strecken ins Heft und schreibe die Länge dazu.

$\overline{AB}$ = 4 cm $\overline{CD}$ = 10 cm $\overline{EF}$ = 12 cm
$\overline{GH}$ = 8 cm $\overline{IJ}$ = 17 cm $\overline{KL}$ = 14 cm

3 Miss die Länge der einzelnen Strecken. Berechne die Gesamtlänge.

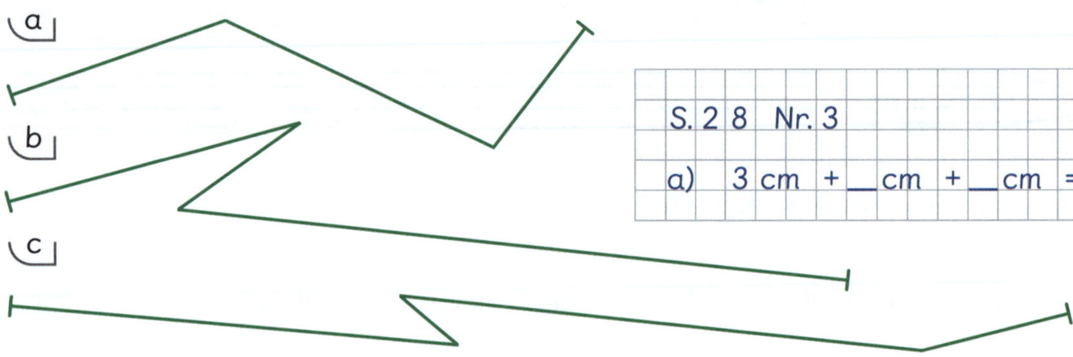

S. 28 Nr. 3
a) 3 cm + ___ cm + ___ cm = ___ cm

4 Zeichne Strecken wie bei Aufgabe 3. Berechne die Gesamtlänge.

a) 2 cm + 5 cm + 3 cm
b) 6 cm + 4 cm + 2 cm
c) 7 cm + 4 cm + 1 cm + 6 cm
d) 3 cm + 8 cm + 5 cm + 9 cm

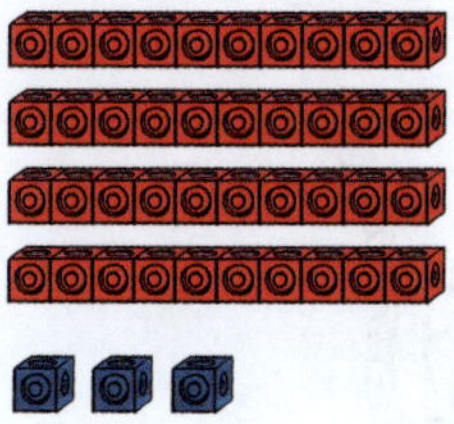

1 Schreibe die Plusaufgaben ins Heft.

a 

b 

c 

2 Lege und rechne. Kontrolliere deine Ergebnisse mit den Lösungszahlen.

a
34 + 20 = □
34 + 40 = □
34 + 50 = □
34 + 60 = □
44 54 74 84 94

b
58 + 40 = □
58 + 10 = □
58 + 30 = □
58 + 20 = □
58 68 78 88 98

c
15 + 70 = □
15 + 20 = □
15 + 50 = □
15 + 80 = □
35 55 65 85 95

d
29 + 30 = □
39 + 30 = □
59 + 30 = □
49 + 30 = □
59 69 79 89 99

3 Ergänze.

a
66 + □ = 96
46 + □ = 96
36 + □ = 96
26 + □ = 96

b
12 + □ = 62
22 + □ = 42
32 + □ = 82
42 + □ = 42

c
33 + □ = 63
43 + □ = 43
63 + □ = 93
73 + □ = 83

d
17 + □ = 77
47 + □ = 97
27 + □ = 57
67 + □ = 87

4 Schreibe Lösungsweg (L) und Antwort (A) ins Heft.

a
Finn hat 43 Münzen.
Er bekommt noch 30 Münzen dazu.
Wie viele Münzen hat Finn dann?

b
Mia hat 31 Sammelkarten.
Sie kauft noch 20 Karten.
Wie viele Karten hat Mia dann?

2, 3 Ggf. Zehner und Einer (Beilage 1) verwenden

Rechnen mit Zehnerzahlen – Minus

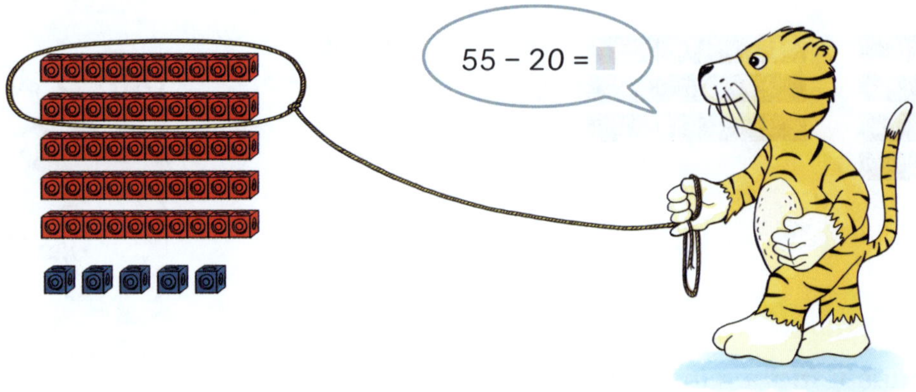

1 Schreibe die Minusaufgaben ins Heft.

a)
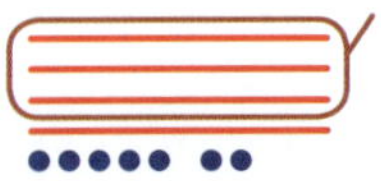

b)
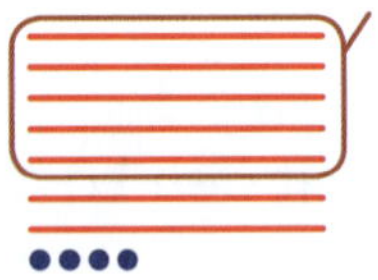

c)
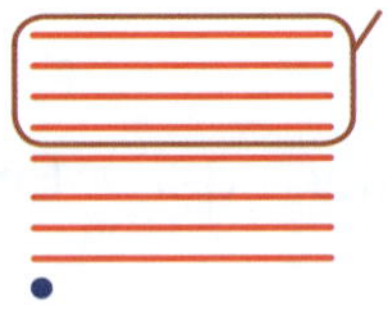

d)
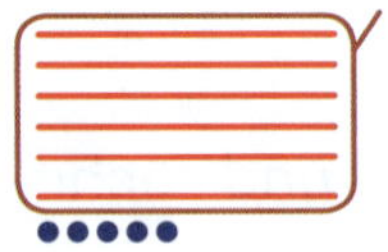

2 Lege, nimm weg und rechne. Kontrolliere deine Ergebnisse mit den Lösungszahlen.

a)
72 – 20 = __
72 – 30 = __
72 – 50 = __
72 – 60 = __

12 22 32 42 52

b)
96 – 80 = __
96 – 60 = __
96 – 50 = __
96 – 30 = __

16 26 36 46 66

c)
63 – 50 = __
63 – 10 = __
63 – 30 = __
63 – 60 = __

3 13 33 53 63

d)
39 – 20 = __
89 – 60 = __
79 – 10 = __
49 – 40 = __

9 19 29 49 69

3 Ergänze.

a)
47 – __ = 27
57 – __ = 27
77 – __ = 27
87 – __ = 27

b)
98 – __ = 68
78 – __ = 48
68 – __ = 38
48 – __ = 18

c)
24 – __ = 4
54 – __ = 14
74 – __ = 24
94 – __ = 34

d)
61 – __ = 51
41 – __ = 11
91 – __ = 21
51 – __ = 1

4 Schreibe Lösungsweg (L) und Antwort (A) ins Heft.

a)
Die Klasse 2b backt 56 Brötchen.
Beim Schulfest werden 40 davon verkauft.
Wie viele Brötchen sind übrig?

b)
Hamid hat 87 Sticker gesammelt.
Er verschenkt 40 Sticker an seine Freunde.
Wie viele Sticker hat Hamid noch?

2, 3 Ggf. Zehner und Einer (Beilage 1) verwenden

1 Beschreibe den Zahlenstrahl.

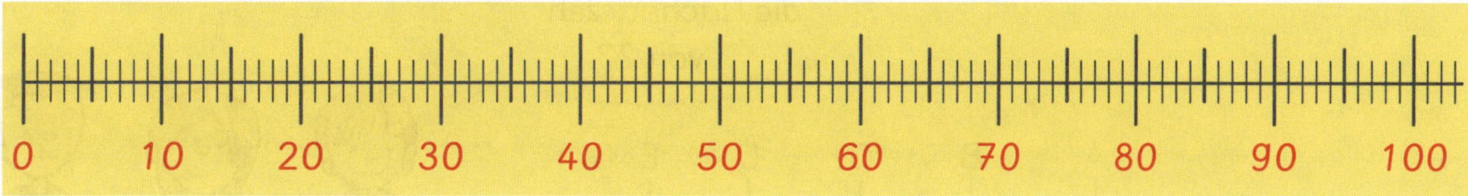

2 Zeige deinem Partner die Zahlen am Zahlenstrahl.

a	b	c	d	e	f
10	20	15	65	12	9
30	50	45	25	22	19
80	100	95	85	72	99

3 Welche Zahlen gehören zu den Buchstaben?
Schreibe sie mit Vorgänger (V) und Nachfolger (N) auf.

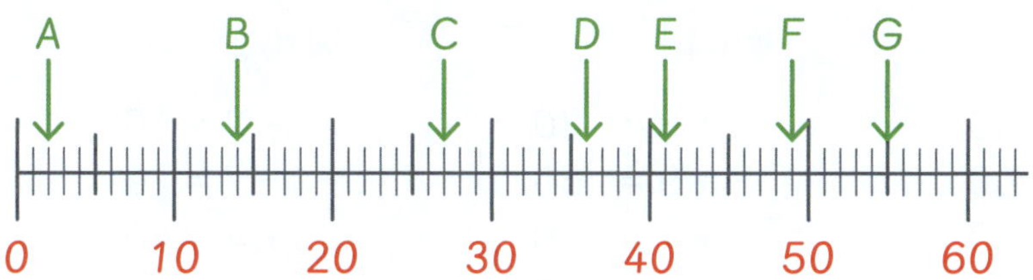

S. 31 Nr. 3

V	Zahl	N
1	A: 2	3
	B: 1 4	

4 Ordne die Zahlen der Größe nach. Beginne mit der kleinsten Zahl.
Kontrolliere mit dem Zahlenstrahl.

a) 35 17 82 53 71

b) 13 33 31 16 61

c) 58 60 76 49 50

S. 31 Nr. 4
a) 17 < 35 <

5 Löst die Zahlenrätsel.

a) Die Zahl ist der Vorgänger von 30.

b) Die Zahl ist die größte zweistellige Zahl.

c) Die Zahl liegt in der Mitte zwischen 50 und 60.

6 Erfinde Zahlenrätsel für deinen Partner.

1 Zahlenstrahl (Beilage 4) verwenden; Bedeutung unterschiedlicher Strichlängen und -stärken besprechen
2, 4 Zahlenstrahl (Beilage 4) verwenden

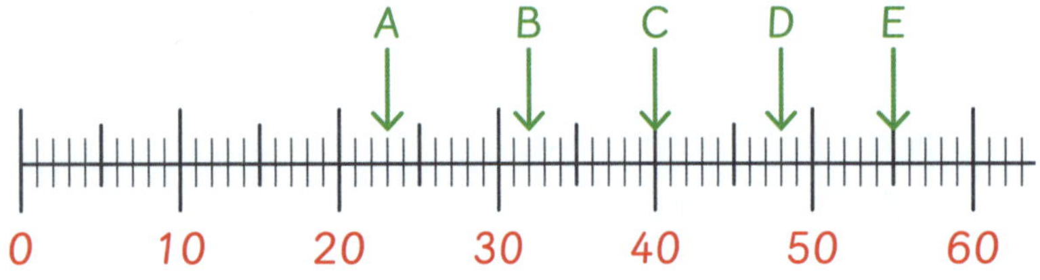

1 Welche Zahlen gehören zu den Buchstaben? Schreibe sie mit beiden Nachbarzehnern auf.

S. 32 Nr. 1

A: 20 < 23 < 30

2 Rechne zum Nachbarzehner. Kontrolliere mit dem Zahlenstrahl.

a	b	c	d
22 + ☐ = 30	86 − ☐ = 80	☐ + 3 = 20	☐ − 2 = 10
37 + ☐ = 40	63 − ☐ = 60	☐ + 5 = 50	☐ − 7 = 70
55 + ☐ = 60	50 − ☐ = 40	☐ + 1 = 40	☐ − 4 = 40
79 + ☐ = 80	94 − ☐ = 90	☐ + 8 = 90	☐ − 9 = 30
11 + ☐ = 20	38 − ☐ = 30	☐ + 6 = 100	☐ − 5 = 0

3 Rechne zu beiden Nachbarzehnern. Kontrolliere mit dem Zahlenstrahl.

a 56	b 81	c 32	d 27
e 68	f 19	g 44	h 85
i 73	j 7	k 95	l 30

S. 32 Nr. 3

a) 56 − 6 = 50

56 + 4 = 60

4 Miss die Länge der einzelnen Strecken. Berechne die Gesamtlänge.

a

b

c

1–3 Zahlenstrahl (Beilage 4) verwenden

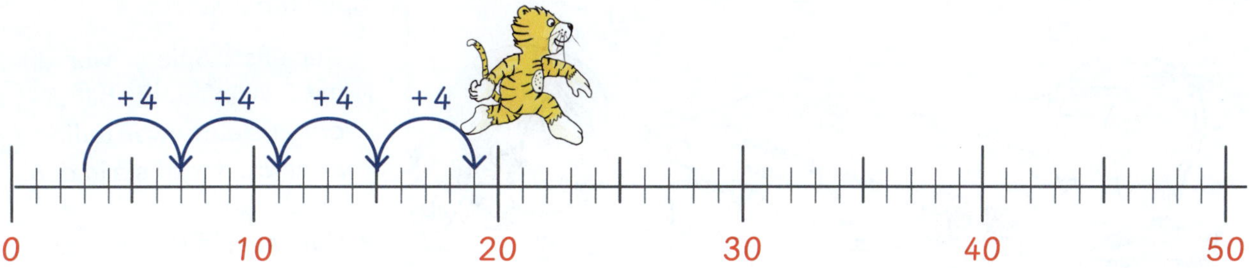

1 Setze die Zahlenfolgen fort. Finde jeweils die Regel. Kontrolliere mit dem Zahlenstrahl.

a) 3, 7, 11, 15, ... 47

b) 45, 40, 35, 30, ... 0

c) 20, 26, 32, 38, ... 80

d) 90, 87, 84, 81, ... 60

e) 100, 91, 82, 73, ... 10

f) 1, 12, 23, 34, ... 100

S. 33 Nr. 1
a) Immer + 4
3, 7, 11, 15, 19,

2 Finde zu jeder Regel eine Zahlenfolge. Schreibe jeweils 10 Zahlen auf.
Dein Partner kontrolliert mit dem Zahlenstrahl.

?

a) Immer + 2
b) Immer − 4
c) Immer + 7
d) Immer − 5
e) Immer + 9
f) Immer − 8

3 Finde die Fehler in den Zahlenfolgen und schreibe richtig ins Heft.

a) 4, 7, 10, 14, 16, 19
b) 88, 83, 78, 73, 67, 63
c) 80, 71, 63, 53, 44, 35
d) 50, 58, 66, 75, 82, 90

4 Zeige die Zahlen am Zahlenstrahl. Finde jeweils die Regel.

a) 1, 3, 8, 10, 15, 17, 22, 24

b) 100, 95, 92, 87, 84, 79, 76

c) 1, 11, 10, 20, 19, 29, 28

d) 50, 44, 51, 45, 52, 46, 53

S. 33 Nr. 4
a) Immer + 2 und +

5 Erfinde Zahlenfolgen. Dein Partner findet die Regel.

?

1–4 Zahlenstrahl (Beilage 4) verwenden

1

Größer-Kleiner-Spiel

Spiel für 2 Kinder

- Der erste Spieler würfelt mit 2 Würfeln. Er bildet daraus eine zweistellige Zahl und trägt sie in den Spielplan ein.
- Nun ist sein Partner an der Reihe.
- Sieger ist, wer nach 5 Runden öfter die größere Zahl hat.

2 Finde die Fehler bei den Nachbarzehnern und schreibe richtig ins Heft.

a) 10 < 19 < 30 b) 40 < 40 < 50 c) 33 < 43 < 53

d) 0 < 50 < 100 e) 82 < 83 < 84 f) 15 < 20 < 35

3 Finde die fehlenden Zahlen und schreibe die Zahlenfolgen vollständig ins Heft.

a) 6, 10, 14, __, 22, 26 b) 88, __, 74, 67, 60, 53

c) 32, 35, 33, 36, __, 37 d) __, 85, 87, 82, 84, 79

4 Löse die Aufgaben und schreibe die passenden Buchstaben auf.
Wie heißt der Lösungssatz?

42 − 2 | 74 + 6 | 77 − 7

93 + 7 | 24 − 4 | 51 + 9 | 33 − 3 | 7 + 3 | 55 − 5 | 88 + 2 !

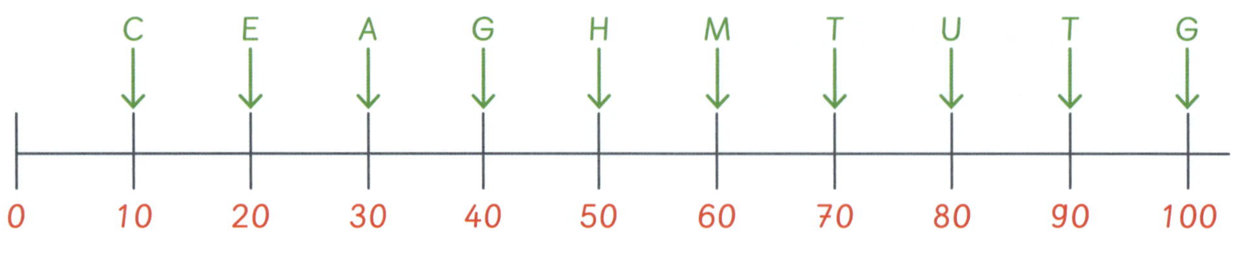

1 Spielplan (Kopiervorlage) verwenden
2, 3 Ggf. Zahlenstrahl (Beilage 4) verwenden

1 Ordnet den Körpern die Gegenstände zu.

S. 35 Nr. 1
Quader: A

2 a

Sammelt Gegenstände, die aussehen wie Würfel, Quader, Zylinder und Kugel. Ordnet die Gegenstände und baut eine Ausstellung auf.

b

An welchen Körpern entdeckt ihr die Flächen Kreis, Quadrat und Rechteck? Schreibt auf.

S. 35 Nr. 2
b) Kreis:

c

Probiert aus. Stellt eure Ergebnisse der Klasse vor.

- Welche Körper rollen immer?
- Welche Körper rollen nie?
- Welche Körper können manchmal rollen?
- Welche gleichen Körper kann man gut stapeln?

3 Rechne zu beiden Nachbarzehnern.

a	b	c
67	89	12
45	50	93
24	31	76

S. 35 Nr. 3
a) 67 − 7 = 60
67 + 3 = 70

1 Zeige an Quader, Würfel, Zylinder und Kugel die Ecken, Flächen und Kanten.

2 Zähle die Flächen, Ecken und Kanten an jedem Körper.
Trage die Ergebnisse in eine Tabelle ein.

S. 36 Nr. 2

	Quader	Würfel	Zylinder	Kugel
Anzahl der Flächen	6			
Anzahl der Ecken				
Anzahl der Kanten				

3 Forme die Körper aus Knetmasse.

4 Zu welchen Körpern passen die Rätselkarten?

A Dieser Körper hat
- 1 Fläche
- 0 Ecken
- 0 Kanten

B Dieser Körper hat
- 3 Flächen
- 0 Ecken
- 2 Kanten

C Dieser Körper hat
- 6 Flächen
- 8 Ecken
- 12 Kanten

5 Würfel und Quader passen zur gleichen Rätselkarte, sehen aber unterschiedlich aus. Erkläre.

6 Fülle ein Säckchen mit verschiedenen Körpern. Ertaste die Körperformen und beschreibe sie deinem Partner. Denke an Flächen, Ecken und Kanten.

5 Der Würfel hat 6 gleiche Flächen (Quadrate), der Quader nicht.

1 Wer hat recht? Begründe.

2 Aus wie vielen Quadern besteht jedes Bauwerk? Wie viele davon sind Würfel?

a

S. 37 Nr. 2

a) 9 Quader, davon 7 Würfel

b

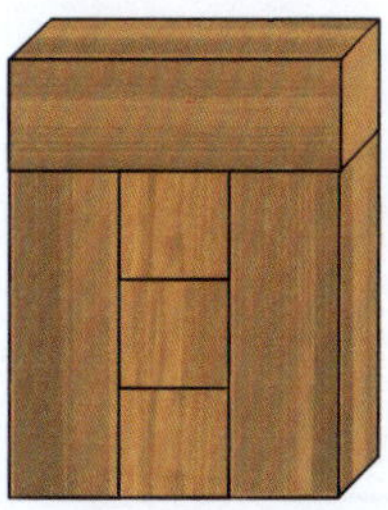

c

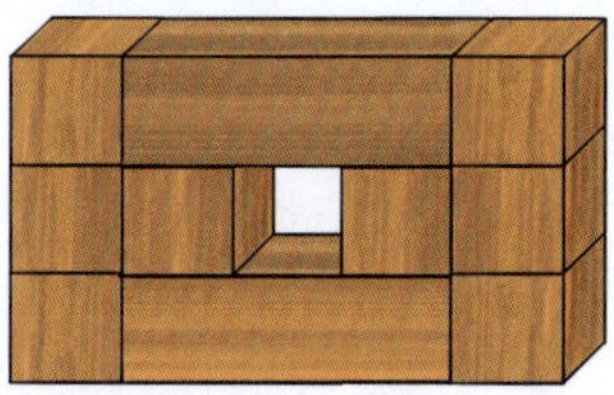

d

3 Baut Bauwerke und vergleicht sie mit anderen Kindern:

a aus 8 Quadern, davon 3 Würfel

b aus 12 Quadern, davon 6 Würfel

c aus 2 Kugeln, 3 Zylindern und 7 Quadern (davon kein Würfel)

4

a Beschreibe die Gebäude.
Welche Körper entdeckst du?

b Finde in deiner Umgebung Gebäude
mit diesen Körperformen.

1 Den Würfel als besonderen Quader kennenlernen

1

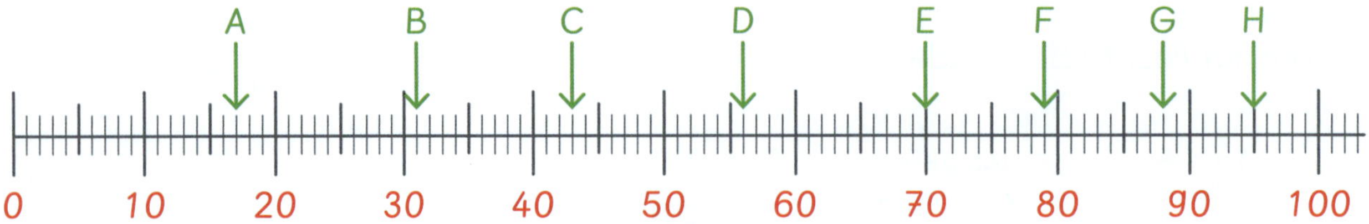

a) Welche Zahlen gehören zu den Buchstaben?
Schreibe sie in einer Tabelle mit Vorgänger (V) und Nachfolger (N) auf.

b) Wie heißen die Nachbarzehner dieser Zahlen? Schreibe so: A: 10 < 17 < 20

2

a	b	c	d
42 + 6 = ▢	71 + 3 = ▢	56 − 3 = ▢	99 − 8 = ▢
42 + 4 = ▢	71 + 5 = ▢	56 − 5 = ▢	89 − 8 = ▢
42 + 3 = ▢	71 + 8 = ▢	56 − 6 = ▢	79 − 8 = ▢

3

a	b	c	d
34 + 20 = ▢	68 − 40 = ▢	19 + ▢ = 79	55 − ▢ = 15
34 + 40 = ▢	68 − 20 = ▢	19 + ▢ = 49	75 − ▢ = 45
34 + 50 = ▢	68 − 10 = ▢	19 + ▢ = 29	95 − ▢ = 35

4 Miss die Länge der Strecken.

a) b) c) d)

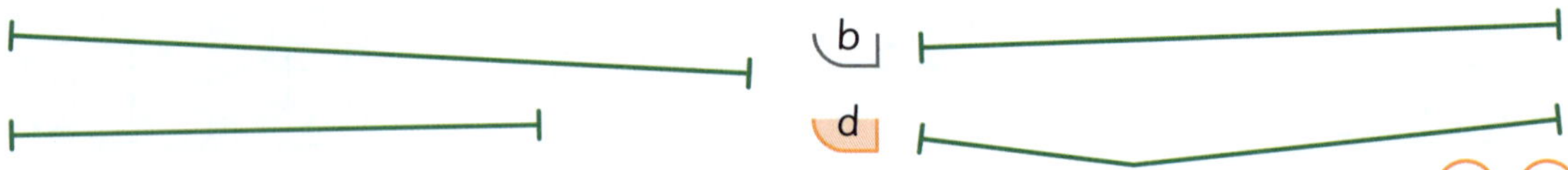

5 Zeichne die Strecken ins Heft.

$\overline{AB}$ = 6 cm $\overline{CD}$ = 2 cm $\overline{EF}$ = 12 cm $\overline{GH}$ = 7 cm $\overline{IJ}$ = 1 cm

6 Ordne den Körpern die Namen zu.

Zylinder | Quader | Kugel | Würfel

7 Zu welchen Körpern passen die Rätselkarten?

A Dieser Körper hat
- 0 Ecken
- 0 Kanten
- 1 Fläche

B Dieser Körper hat
- 12 Kanten
- 8 Ecken
- 6 Flächen

Wichtige Aufgaben aus der zweiten Lerneinheit (Heft 1, S. 22–37) wiederholen;
Selbsteinschätzung: entsprechend dem Können der Aufgabe passenden Smiley ins Heft malen

1 Beim Sprungwettbewerb vergleichen die Kinder die Längen ihrer Schnüre.

- Mia sagt: „Meine Schnur ist 2 cm länger als Maras Schnur."
- Ben sagt: „Meine Schnur ist 5 cm kürzer als Mias Schnur."
- Mara sagt: „Meine Schnur ist 65 cm lang."
- Hamid sagt: „Meine Schnur ist 8 cm länger als Bens Schnur."

a) Wie lang ist Bens Schnur?

b) Wer hat die längste Schnur?

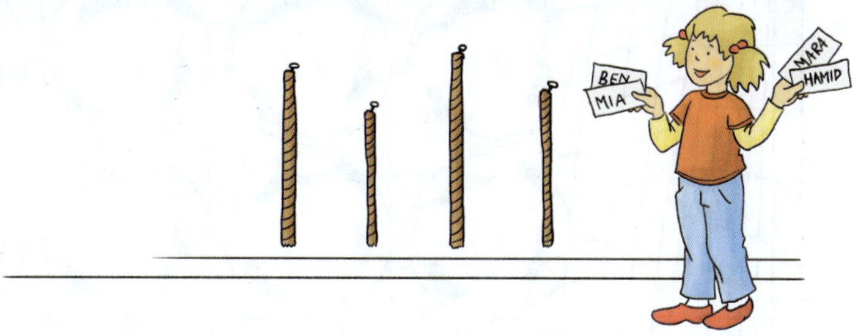

2 Setze die Zahlen so ein, dass die Plusaufgabe von links nach rechts und die Plusaufgabe von oben nach unten immer das gesuchte Ergebnis haben.

a) Immer 12

1 2 4 5 6

b) Immer 13

1 2 3 4 6

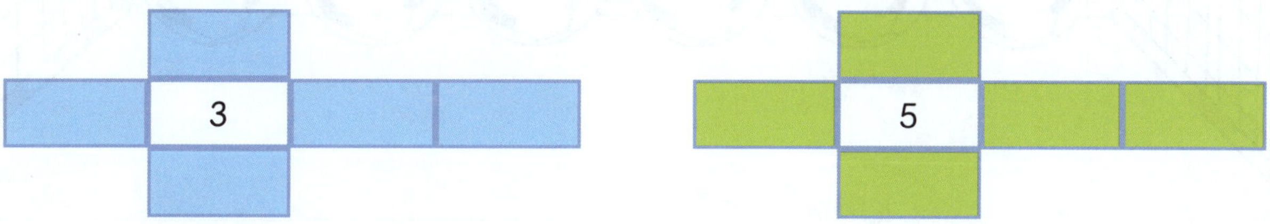

3 Ein Würfel hat 6 quadratische Flächen. Wenn der Würfel auf dem Tisch steht, kannst du 5 Quadrate sehen.

a) Wie viele Quadrate kannst du sehen, wenn 2 Würfel übereinander stehen?

b) Wie viele Quadrate kannst du sehen, wenn 3 Würfel übereinander stehen?

c) Finde ohne zu zählen heraus, wie viele Quadrate du bei 4 Würfeln sehen kannst. Begründe deine Vermutung.

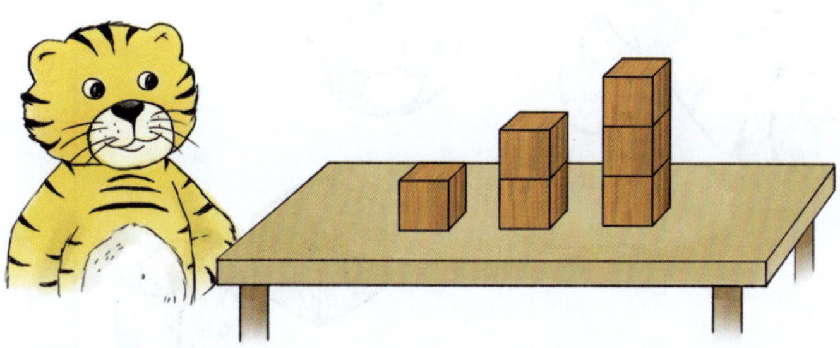

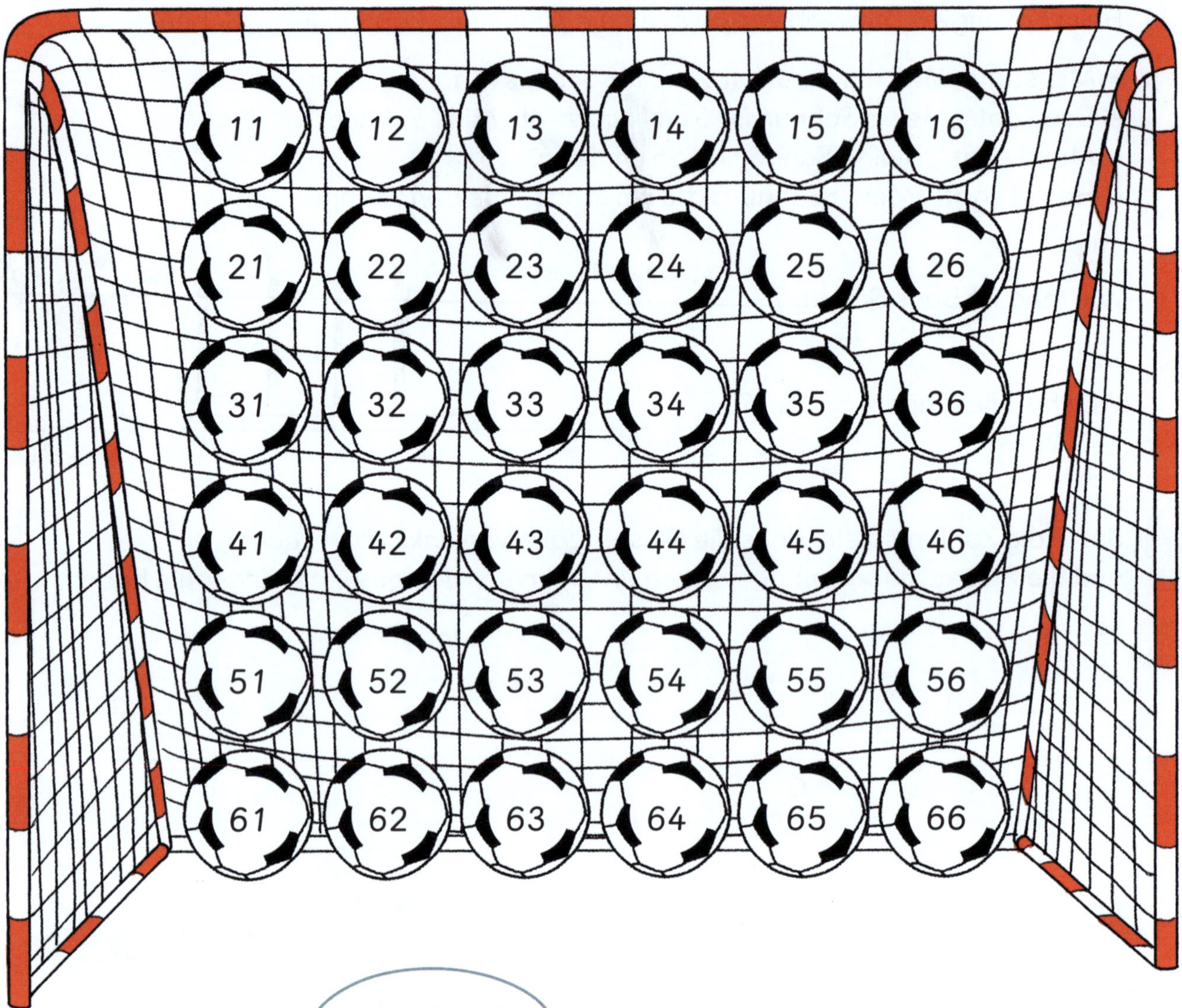

Tore schießen

Spiel für 2 Kinder

Ihr braucht:
2 Würfel, je Spieler 10 gleichfarbige Plättchen

Spielregeln:

- Jeder Spieler wählt eine Plättchenfarbe aus.
- Der erste Spieler würfelt mit 2 Würfeln. Er bildet eine Zahl und legt ein Plättchen seiner Farbe auf die Zahl im Tor.
- Nun ist sein Partner an der Reihe. Ist die Zahl besetzt, kann er kein Plättchen legen und muss warten, bis er wieder an der Reihe ist.
- Sieger ist, wer zuerst 10 Tore geschossen hat.